无字证明 5

管 涛 编

范兴亚 主审

机械工业出版社

本书由 100 多个"无字证明"组成. 无字证明（Proofs Without Words）也叫作"不需要语言的证明"，一般是指仅用图像而不需要语言就能揭示数学结论的推理过程. 无字证明往往是指一个或一系列特定的图片，有时也配有少量的解释说明.

本书是数学爱好者的上佳读物，既可作为中学生和大学生的课外参考书，也可作为中学和大学数学教师的教学素材库.

图书在版编目（CIP）数据

无字证明. 5/管涛编. —北京：机械工业出版社，2022. 11（2024. 8 重印）
ISBN 978-7-111-71777-5

Ⅰ. ①无⋯ Ⅱ. ①管⋯ Ⅲ. ①数学–通俗读物 Ⅳ. ①O1–49

中国版本图书馆 CIP 数据核字（2022）第 188592 号

机械工业出版社（北京市百万庄大街 22 号 邮政编码 100037）
策划编辑：韩效杰 责任编辑：韩效杰 李 乐
责任校对：史静怡 张 征 封面设计：陈 沛
责任印制：邓 博
北京盛通数码印刷有限公司印刷
2024 年 8 月第 1 版第 4 次印刷
169mm×239mm · 9. 75 印张 · 2 插页 · 144 千字
标准书号：ISBN 978-7-111-71777-5
定价：39. 00 元

电话服务 网络服务
客服电话：010-88361066 机 工 官 网：www. cmpbook. com
010-88379833 机 工 官 博：weibo. com/cmp1952
010-68326294 金 书 网：www. golden-book. com
封底无防伪标均为盗版 机工教育服务网：www. cmpedu. com

前　言

数学是抽象的学科，这种抽象建立在具体事物之上. 数学中繁复的逻辑推理吓退了很多初学者，而无字证明恰好把这种繁复用直观展现出来. 本书摘选了 100 多篇无字证明的实例，其中有些是著名定理的无字证明，也有一些是类似于数学趣题和数学游戏的例子.

罗杰·B. 尼尔森说：数学的优美不同于其他创意的活动. 它和三行俳句诗能够描绘出比其语言能够达到的多得多的意境类似. 无字证明就能实现极致的优美. 我想给出一个更直白的比喻，无字证明就像中国传统绘画中的"留白"，在其简单的图形变换背后，给读者留下了想象探索的空间. 读者阅读本书时，可能会发现本书的证明并不全都那么一目了然，同样需要读者的独立思考和探求，发现图与图之间的联系，以及暗藏在直观背后的精妙逻辑，从而"顿悟"书中无字证明的数学含义.

编者

目　　录

几何与代数

勾股定理[⊖] I

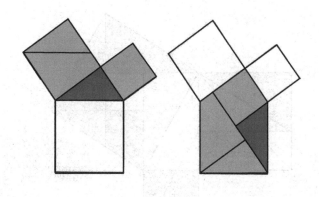

——格雷戈瓦·尼科利尔（Grégoire Nicollier）、

阿尔约尼亚·佩佩科（Aljoša Peperko）、珍尼兹·埃特尔（Janez Šter）

⊖ 勾股定理也称为毕达哥拉斯定理. ——编者注

勾股定理Ⅱ

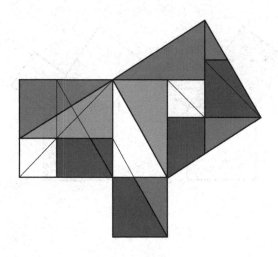

——多梅尼科·坎通（Domenico Cantone）

勾股定理Ⅲ

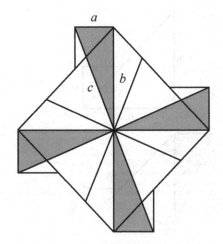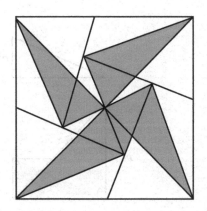

$$2a^2 + 2b^2 = 2c^2 \implies a^2 + b^2 = c^2$$

——约翰·莫洛卡奇（John Molokach）

勾股定理 IV

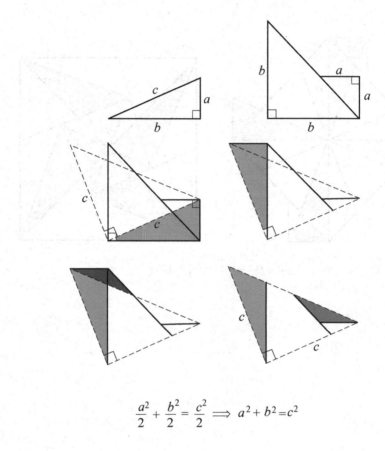

$$\frac{a^2}{2} + \frac{b^2}{2} = \frac{c^2}{2} \implies a^2 + b^2 = c^2$$

——约翰·莫洛卡奇

通过托勒密定理证明勾股定理

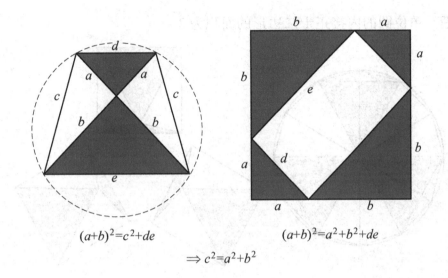

$$(a+b)^2=c^2+de \qquad\qquad (a+b)^2=a^2+b^2+de$$

$$\Rightarrow c^2=a^2+b^2$$

——许南谷（Nam Gu Heo）

正十二边形的面积

定理　单位圆的内接正十二边形的面积为 3.

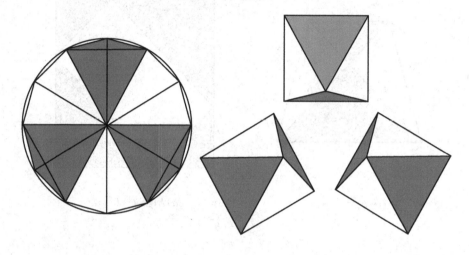

——罗杰・B. 尼尔森（Roger B. Nelson）

正星形多边形的顶角度数之和

　　$\{p/q\}$ 正星形多边形是指圆上平均分布 p 个点，所有相隔 q 段弧的两个点相连所得到的星形多边形. 其中 $1<q<\dfrac{p}{2}$.

　　定理　　$\{p/q\}$ 正星形多边形的顶角度数之和为 $180p-360q$.

　　证明　　以 $\{7/2\}$ 为例.

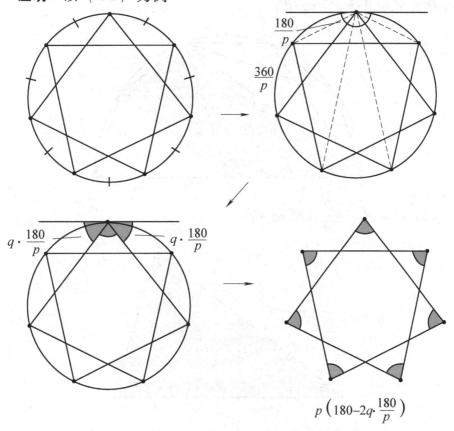

$$p\left(180-2q\cdot\frac{180}{p}\right)$$

——马修·雅库博斯基（Matthew Jakubowski）、
雷蒙德·维廖内（Raymond Viglione）

关于正五边形、正六边形、正十边形边长的一个恒等式

定理 （几何原本，第八章命题 10） 设半径为 r 的圆，其内接正五边形、正六边形、正十边形的边长分别为 p，h，d，那么 $p^2 = h^2 + d^2$. 即 p，h，d 是一个直角三角形的三边.

证明 （1）设 x 是正十边形中间隔两个顶点的对角线长度，那么由托勒密定理可得 $p^2 = dx + d^2$.

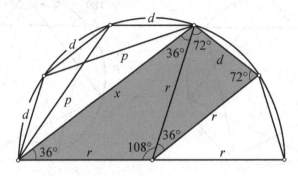

（2）$r = h$ 且 $\dfrac{x}{h} = \dfrac{h}{d}$，则 $dx = h^2$.

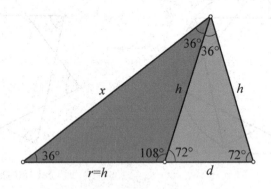

——罗杰·B. 尼尔森

黄金分割数

记 $\varphi = \dfrac{1+\sqrt{5}}{2}$ 为黄金分割数.

定理　若 $x>0$ 且 $x=1+\dfrac{1}{x}$，那么 $x=\varphi$.

证明

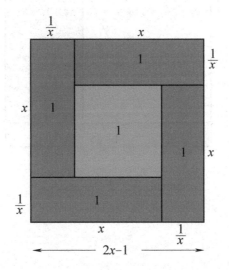

$$(2x-1)^2=5 \Rightarrow x=\varphi=\frac{1+\sqrt{5}}{2}.$$

练习　试证明 $\varphi^2+(1/\varphi)^2=3$（提示：在上图中，利用长方形对角线构造一个面积为 3 的正方形即可.）

——罗杰·B. 尼尔森

arctan 2 与黄金分割数

定理 设 $\varphi = \dfrac{1+\sqrt{5}}{2}$ 为黄金分割数，那么 $\arctan\left(\dfrac{1}{\varphi}\right) = \dfrac{\arctan 2}{2}$.

证明

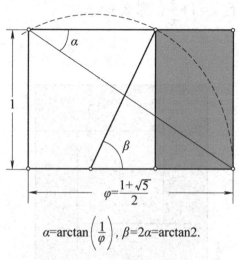

$\alpha = \arctan\left(\dfrac{1}{\varphi}\right)$, $\beta = 2\alpha = \arctan 2$.

——安赫尔·普拉萨（Ángel Plaza）

一些关于 arctan 2、黄金分割数及其倒数的恒等式

定理　黄金分割数 $\varphi = \dfrac{\sqrt{5}+1}{2}$ 满足 $\dfrac{1}{\varphi} = \dfrac{\sqrt{5}-1}{2}$. 我们有下面一系列等式成立：

（1）$\arctan \varphi = \arctan \dfrac{1}{2} + \dfrac{1}{2}\arctan 2$,

（2）$\arctan \varphi - \arctan \dfrac{1}{\varphi} = \arctan \dfrac{1}{2}$,

（3）$2\arctan \dfrac{1}{\varphi} = \arctan 2$,

（4）$\arctan \varphi + \dfrac{1}{2}\arctan 2 = \dfrac{\pi}{2} = 2\arctan \dfrac{1}{\varphi} + \arctan \dfrac{1}{2}$,

（5）$\arctan \varphi = \dfrac{\pi}{4} + \dfrac{1}{2}\arctan \dfrac{1}{2}$.

下面的图可以证明（1）~（5）.

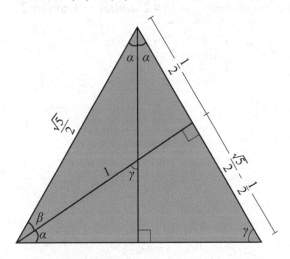

$\alpha = \arctan \dfrac{1}{\varphi}, \beta = \arctan \dfrac{1}{2}, \gamma = \alpha + \beta = \text{arccot} \dfrac{1}{\varphi} = \arctan \varphi, 2\alpha = \arctan 2,$

$2\alpha + \beta = \dfrac{\pi}{2}.$

进而，上述等式之间的线性组合可以得到更一般的结果. 例如，对于（2）和（3），任取实数 x, y, 都有 $x \arctan \varphi + (2y - x) \arctan \dfrac{1}{\varphi} = x \arctan \dfrac{1}{2} + y \arctan 2.$

练习　把 $2\varphi - 3 = \dfrac{1}{\varphi^3}$ 和 $2\varphi - 1 = \sqrt{5}$ 代入（1）~（5），可得

（1）$\arctan \varphi^3 = \dfrac{1}{2} \arctan \dfrac{1}{2} + \arctan 2,$

（2）$\arctan \varphi^3 - \arctan \dfrac{1}{\varphi^3} = \arctan 2,$

（3）$2 \arctan \dfrac{1}{\varphi^3} = \arctan \dfrac{1}{2},$

（4）$\arctan \varphi^3 + \dfrac{1}{2} \arctan \dfrac{1}{2} = \dfrac{\pi}{2} = 2 \arctan \dfrac{1}{\varphi^3} + \arctan 2,$

（5）$\arctan \varphi^3 = \dfrac{\pi}{4} + \dfrac{1}{2} \arctan 2.$

——雷克斯·H. 吴

不用勾股定理求整数边长直角三角形的斜边

定理   直角边长分别为 3 和 4 的直角三角形，其斜边长为 5.
证明

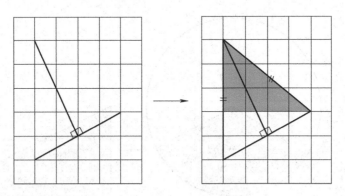

一般地，设 $m > n$ 均为正整数，连接 $(0, 0)$ 与 $(2mn, 2n^2)$，$(0, m^2+n^2)$ 与 (mn, n^2)，得到两条线段，这两条线段互相垂直. 对应的直角三角形，直角边长为 m^2-n^2 和 $2mn$，斜边长为 m^2+n^2.

——科林·福斯特（Colin Foster）

圆台的侧面积

引理　底面半径为 R，母线长为 s 的圆锥，其侧面积 $A = \pi R s$.
证明

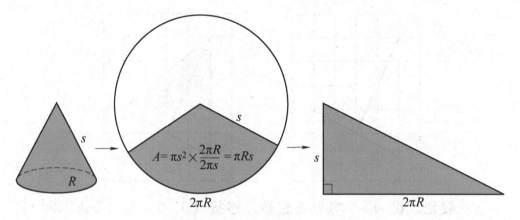

$$A = \pi s^2 \times \frac{2\pi R}{2\pi s} = \pi R s$$

定理　上、下底面半径分别为 r 和 R，母线长为 s 的圆台，其侧面积 $A = \pi(r+R)s$.
证明

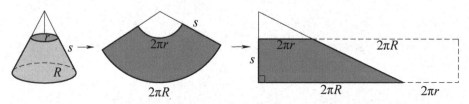

——权美妍（Miyeon Kwon）

一个关于直角三角形的恒等式

    定理   设三角形的半周长、内切圆半径、外接圆半径分别为 s，r，R，则在直角三角形中，有 $s=r+2R$.

    证明

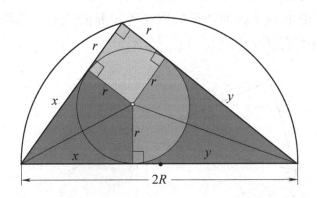

    一般地，在锐角三角形中，有 $s>r+2R$；在钝角三角形中，有 $s<r+2R$，而 $s=r+2R$ 则是直角三角形的特征.

——罗杰・B. 尼尔森

瓦里尼翁定理

任给一个四边形，以它的四条边的中点为顶点构成的平行四边形称为瓦里尼翁平行四边形.

定理 一个凸四边形的瓦里尼翁平行四边形的面积是原四边形面积的一半. 瓦里尼翁平行四边形的周长等于原四边形对角线长度之和.

证明 设 G 是 BD 中点.

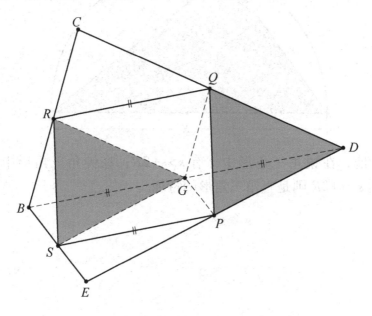

——阿利克·帕拉特尼克（Alik Palatnik）

"猫王" 以跑代游问题（胡不归问题）

著名的威尔士柯基犬"猫王"[⊖]奔跑的速度为 r，游泳速度为 s，其中 $r>s>0$。"猫王"要从岸边 A 点出发，到湖中 B 点捡球，它可以沿岸边跑到某个点 X 处下水，再从 X 游到 B，用时为 $t(X)$。要使得用时最短，它需要在线段 AC 上找到一点 E，满足 $\dfrac{EC}{EB}=\dfrac{s}{r}$。（这样的 E 并不是一定存在的）

$$t(X)=\frac{AX}{r}+\frac{XB}{s}=\frac{P_XX+XB}{s}.$$

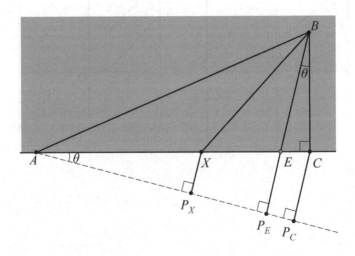

对于 $X\neq E$，必有 $P_XX+XB>P_EE+EB$，从而 $t(X)>t(E)$。

——周立

⊖　猫王是 20 世纪著名的摇滚歌手，埃尔维斯·普雷斯利的别称。本书中的"猫王"出自 1991 年的一部喜剧电影，为了调侃将剧中一只柯基犬命名为"猫王"。——编者注

正方形内接四边形的最小周长

定理 ABCD 是一个正方形，点 M，N，O，P 分别在边 AB，BC，CD，DA 上，那么

$$MN+NO+OP+PM \geqslant 2BD.$$

证明 当 MNOP 是矩形时，其周长取到最小值，如下图所示.

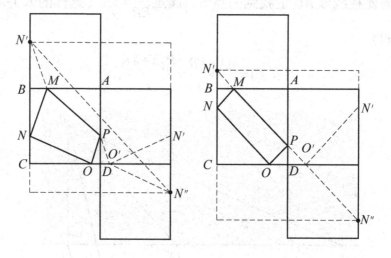

——安赫尔·普拉萨

给定一条边长和周长的最大面积三角形

定理　给定一条边长和周长的最大面积三角形是等腰三角形，开始给定的边是等腰三角形的底.

证明

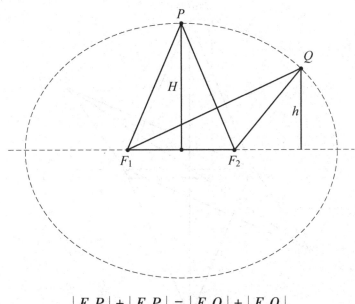

$$|F_1P| + |F_2P| = |F_1Q| + |F_2Q|.$$

$$H \geqslant h \Rightarrow S_{\triangle F_1PF_2} \geqslant S_{\triangle F_1QF_2}.$$

推论　（三角形的等周定理）　给定周长的三角形中，等边三角形的面积最大.

证明提示：每次选取长度居中的边作为底，反复使用上述定理. 在极限情况下会得到等边三角形.

——安赫尔·普拉萨

给定对角线长度的最大周长平行四边形是菱形 Ⅰ

定理 给定对角线长度的平行四边形中，菱形的周长最大.

证明

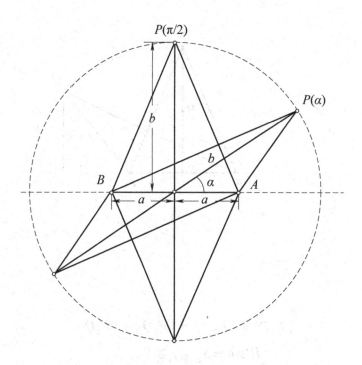

$$|AP(\alpha)| + |BP(\alpha)| = \sqrt{a^2+b^2-2ab\cos\alpha} + \sqrt{a^2+b^2+2ab\cos\alpha}$$

$$\leqslant 2\sqrt{a^2+b^2}$$

推论 给定正数 a，b，设 A，G，R 分别为 a，b 的算术平均数、几何平均数以及均方根（也叫作平方平均数），那么有 $2A \geqslant R+G$.

证明

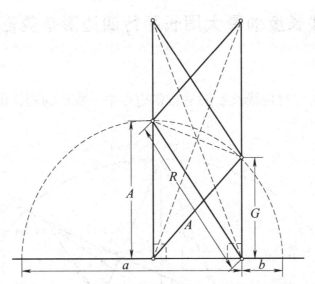

提示：图中两个平行四边形的对角线对应长度相等. 它们的每条边长都是 a, b 的某个平均数.

——安赫尔·普拉萨

给定对角线长度的最大周长平行四边形是菱形Ⅱ

定理 给定对角线长度的平行四边形中，菱形的周长最大.

证明

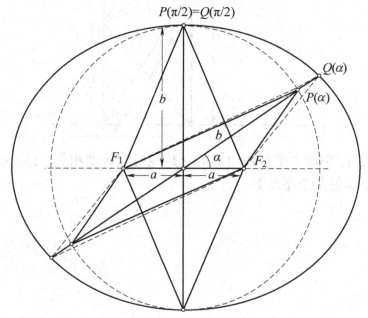

$$|F_1P(\pi/2)| + |F_2P(\pi/2)| = |F_1Q(\alpha)| + |F_2Q(\alpha)| \geqslant$$
$$|F_1P(\alpha)| + |F_2P(\alpha)|.$$

——安赫尔·普拉萨

等边三角形的优美性质

$\triangle ABC$ 是等边三角形，D 是射线 CB 上的一点，设 x，y，z 分别表示 D 到 A，B，C 的距离，那么

（1）若 $x \geqslant z$，则 $x^2 = y^2 + z^2 + yz$；

（2）若 $x < z$，则 $x^2 = y^2 + z^2 - yz$.

证明

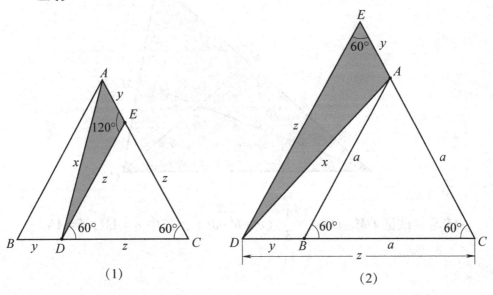

（1）   （2）

——维克多·奥克斯曼（Victor Oxman）、摩西·斯图佩尔（Moshe Stupel）

有 60°角的三角形的优美性质

在 △ABC 中，∠A = 60°，∠B 和 ∠C 的平分线 BM，CN 交于点 O，那么 OM = ON.

证明

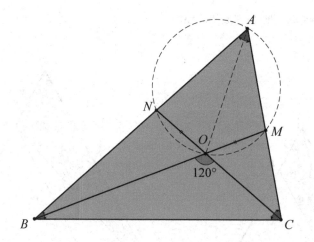

练习 试证 $OM = ON = \sqrt{\dfrac{1}{3}\left(a^2 + b^2 - ab\right)}$，其中 $a = AM$，$b = AN$.

——维克多·奥克斯曼、摩西·斯图佩尔

等腰直角三角形的优美性质

　　给定等腰直角三角形 *ABC*，∠*A* = 90°，*D* 在 *CB* 延长线上且 *AD* = *BC*，那么 ∠*ADB* = 30°.

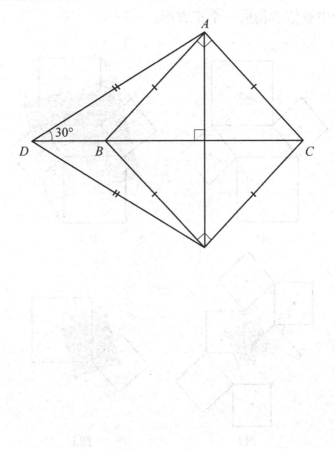

　　　　　　　　　　——维克多·奥克斯曼、摩西·斯图佩尔

一个正方形的诞生

定理　给定一个平行四边形，以它的四条边为边分别向外作正方形，如图 4 所示. 依次连接相邻两个正方形的非公共顶点并取连线的中点，这四个中点依然构成一个正方形.

证明

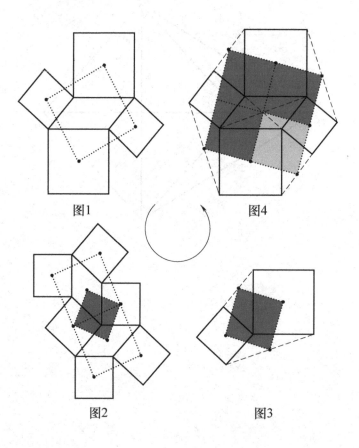

图1　　　　　　　　　　　　图4

图2　　　　　　　　　　　　图3

——B. 格里沃扬尼斯（B. Grivoyannis）、雷蒙德·维廖内

范·霍腾定理

下图所示是等边三角形 *ABC* 及其外接圆，*P* 是劣弧 *BC* 上一点，那么 *PA*＝*PB*＋*PC*.

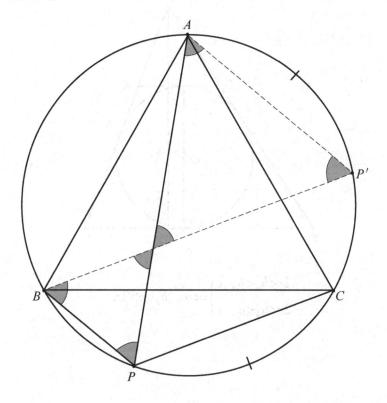

——雷蒙德·维廖内

三角形边长与内切圆直径的大小关系

三角形的每一条边长都大于内切圆直径.

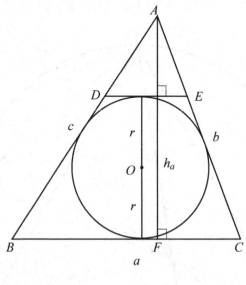

$$2r<h_a<b,\ c\brace 2r<h_b<a,\ c\}\Rightarrow a,\ b,\ c>2r.$$

——阿维·西格勒（Avi Sigler）、摩西·斯图佩尔

维维亚尼定理的推广

维维亚尼定理　正三角形内任意一点到三边的距离和是定值.

推广　P 是 $\triangle ABC$ 内任意一点，点 D，E，F 分别在边 BC，CA，AB 上，且满足 $AD = BE = CF$，作 $PQ /\!/ AD$ 交 BC 于 Q，再类似地在边 AC，AB 上分别作出点 R，S，那么有

$$PQ + PR + PS = AD.$$

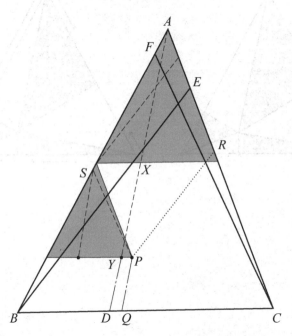

进一步，若取消 AD，BE，CF 长度相等的限制，则有

$$\frac{PQ}{AD} + \frac{PR}{BE} + \frac{PS}{CF} = 1.$$

下面给出两种证明思路：

（1）$\dfrac{PR}{BE} = \dfrac{AX}{AD}$，$\dfrac{PS}{CF} = \dfrac{XY}{AD}$；

（2）$\dfrac{PQ}{AD} = \dfrac{S_{\triangle PBC}}{S_{\triangle ABC}}$，$\dfrac{PR}{BE} = \dfrac{S_{\triangle PCA}}{S_{\triangle BCA}}$，$\dfrac{PS}{CF} = \dfrac{S_{\triangle PAB}}{S_{\triangle CAB}}$.

——格雷戈瓦·尼科利尔

等边三角形披萨的平分问题

对于等边三角形披萨内任意一点，把它与三个顶点相连，并从该点作三边的垂线段，把披萨分成 6 块，那么图中阴影部分和空白部分的披萨大小相等（面积平分），披萨边的长度也相等（周长平分）.

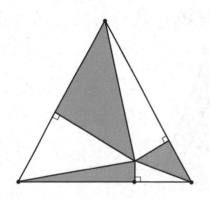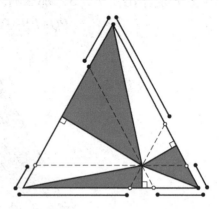

——格雷戈瓦·尼科利尔

正六边形面积的 $\dfrac{1}{13}$

如下图所示，$ABCDEF$ 是正六边形，A'，B'，$\cdots$，F' 分别是各边中点，连接 AC'，BD'，$\cdots$，FB'，在中间形成一个小正六边形 $abcdef$，它的面积是大正六边形 $ABCDEF$ 的 $\dfrac{1}{13}$.

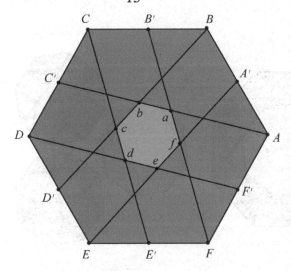

证明

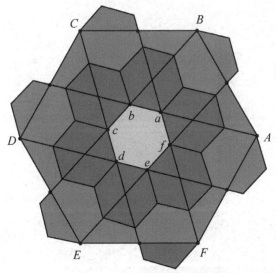

——瑞克·马布里（Rick Mabry）

正八边形面积的 $\dfrac{1}{3}$

设 $A_1A_2A_3A_4A_5A_6A_7A_8$ 是正八边形，并规定 $A_0=A_8$，$A_9=A_1$，$A_{10}=A_2$. 对于 $j=1$，2，$\cdots$，8，令 M_j 为 A_jA_{j+1} 的中点，再设 A_j' 是线段 A_jM_{j+2} 和 $A_{j-1}M_{j+1}$ 的交点. 那么小正八边形 $A_1'A_2'A_3'A_4'A_5'A_6'A_7'A_8'$ 的面积是最初大正八边形的 $\dfrac{1}{3}$.

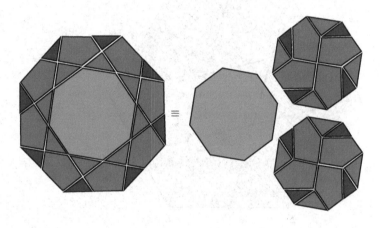

——瑞克·马布里

平截头棱锥体的体积

　　矩形平截头棱锥体[注]是由上下两个平行矩形（即它们所在平面平行，而且它们的每组对应边也分别平行）连接对应顶点构成的立体图形. 本文考虑的立体图形还要求上面矩形的边长 a, b 分别小于下面矩形的对应边长 c, d. 特别地，也包括方形金字塔和方尖碑的平截体.

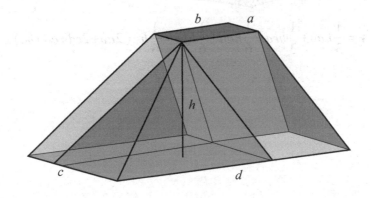

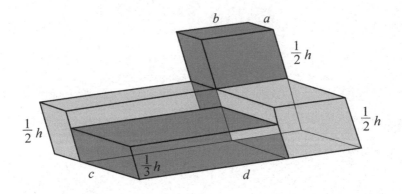

注　平截头棱锥体不一定是棱台，它的侧棱向上延长，不一定汇聚在一点. ——编者注

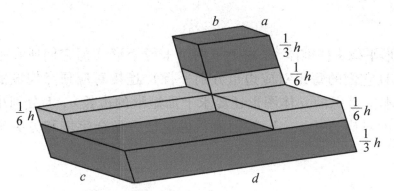

$$V = \frac{1}{3}hab + \frac{1}{3}hcd + \frac{1}{6}had + \frac{1}{6}hbc = \frac{1}{6}h\ (2ab+2cd+ad+bc)$$

——卢卡斯·阿米拉斯（Lucas Amiras）

帕斯卡三角形的每行之和

定理 帕斯卡三角形中第 n 行的和等于 2^{n-1}.

证明

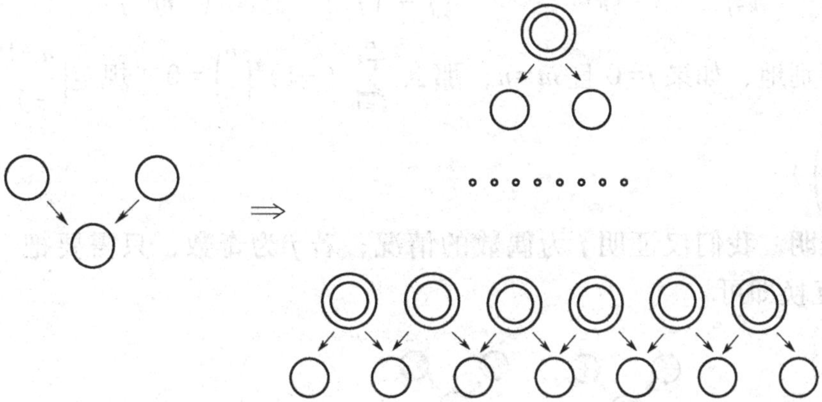

$$s_1 = 1, \quad s_2 = 2, \quad \cdots, \quad s_n = 2s_{n-1} \Rightarrow s_n = 2^{n-1}.$$

——安赫尔·普拉萨

帕斯卡三角形一行中的交错和

定理 已知 $0 \leqslant j \leqslant m \leqslant n$ 均为整数，则有

$$\sum_{k=j}^{m} (-1)^k \binom{n}{k} = (-1)^j \binom{n-1}{j-1} + (-1)^m \binom{n-1}{m}.$$

特别地，如果 $j=0$ 且 $m=n$，那么 $\displaystyle\sum_{k=0}^{m} (-1)^k \binom{n}{k} = 0$（规定 $\binom{n-1}{-1} = 0$

$= \binom{n-1}{n}$）.

证明 我们仅证明 j 为偶数的情况；若 j 为奇数，只需要把"+"
"–"互换即可.

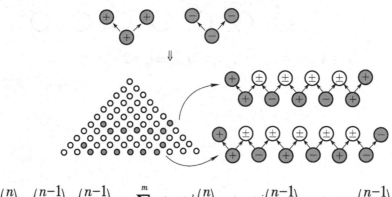

$$\binom{n}{k} = \binom{n-1}{k-1} + \binom{n-1}{k} \Rightarrow \sum_{k=j}^{m} (-1)^k \binom{n}{k} = (-1)^j \binom{n-1}{j-1} + (-1)^m \binom{n-1}{m}.$$

——安赫尔·普拉萨

帕斯卡三角形列的部分和

定理 对任意整数 $j \leqslant m \leqslant n$，都有 $\sum\limits_{k=m}^{n} \binom{k}{j} = \binom{n+1}{j+1} - \binom{m}{j+1}$.

证明

$$\binom{k}{j} = \binom{k+1}{j+1} - \binom{k}{j+1} \Rightarrow \sum\limits_{k=m}^{n} \binom{k}{j} = \binom{n+1}{j+1} - \binom{m}{j+1}.$$

练习 试证对任意整数 $j \geqslant 0$ 以及 $m \leqslant n$，都有

$$\sum\limits_{k=m}^{n} \binom{k+j}{k} = \binom{n+j+1}{n} - \binom{m+j}{m-1}.$$

说明 在定理中，令 $j=m$ 以及 $\binom{m}{m+1}=0$，可以得到曲棍球恒等式（因等式中元素位置像一根曲棍球棒的形式而得名），在练习中，令 $m=0$ 以及 $\binom{m+j}{-1}=0$，可得曲棍球恒等式的另一种形式.

——安赫尔·普拉萨

帕斯卡三角形的半行之和

定理 对任意自然数 n，都有

$$\sum_{k偶}^{n} \binom{n+1}{k} = \sum_{k奇}^{n} \binom{n+1}{k} = 2^n.$$

证明

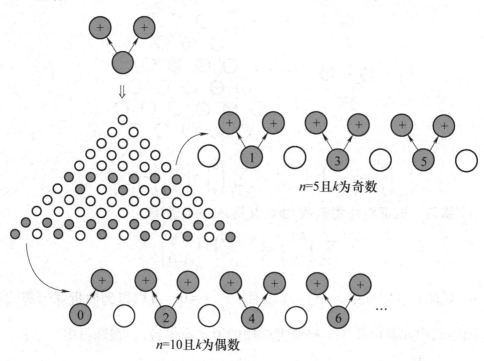

$n=5$ 且 k 为奇数

$n=10$ 且 k 为偶数

——安赫尔·普拉萨

无穷根号嵌套

很多无穷嵌套的根式有如下表示形式：

$$x=\sqrt{a+b\sqrt{a+b\sqrt{a+\cdots}}}$$

当 a，b 均为正数时，可观察出 $x=\sqrt{a+bx}$，两边平方化为 $x^2=a+bx$，至此，我们可以解出方程的正根，另外，也可以把方程转化为 $x=b+\dfrac{a}{x}$ 再通过正方形分割求解.

定理 对于给定的正数 a，b，有 $x=\sqrt{a+b\sqrt{a+b\sqrt{a+\cdots}}}=\dfrac{1}{2}(b+\sqrt{b^2+4a})$.

证明 由于 $x=b+\dfrac{a}{x}$，

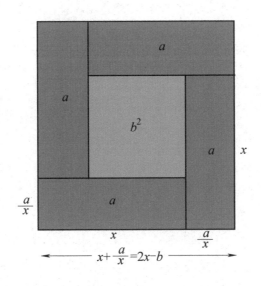

因此

$$(2x-b)^2=b^2+4a.$$

推论

$$\sqrt{6+\sqrt{6+\sqrt{6+\cdots}}}=3=\sqrt{3+2\sqrt{3+2\sqrt{3+\cdots}}},$$

$$\sqrt{12+\sqrt{12+\sqrt{12+\cdots}}}=4=\sqrt{4+3\sqrt{4+3\sqrt{4+\cdots}}},$$

$$\sqrt{20+\sqrt{20+\sqrt{20+\cdots}}} = 5 = \sqrt{5+4\sqrt{5+4\sqrt{5+\cdots}}},$$

证明 在上述定理中，令 (a, b) 分别取值为 $(n^2-n, 1)$ 和 $(n, n-1)$ 即可.

循环连分数

无穷简单连分数可以表示为

$$[a_0, a_1, a_2, a_3, \cdots] = a_0 + \cfrac{1}{a_1 + \cfrac{1}{a_2 + \cfrac{1}{a_3 + \cdots}}},$$

其中 a_0 是整数，a_1，a_2，a_3，$\cdots$ 是正整数，若 $\{a_k\}$ 无穷序列中出现了循环，则称无穷连分数是循环的，例如

$$[\bar{a}] = [a, a, a, \cdots] = a + \cfrac{1}{a + \cfrac{1}{a + \cfrac{1}{a + \cdots}}},$$

$$[\overline{a, b}] = [a, b, a, b, \cdots] = a + \cfrac{1}{b + \cfrac{1}{a + \cfrac{1}{b + \cdots}}}.$$

引理 1 已知 $x > 0$ 以及 $x = a + \dfrac{a}{bx}$，那么 $x = \dfrac{1}{2}\left(a + \sqrt{a^2 + \dfrac{4a}{b}}\right)$.

证明

$$x + \frac{a}{bx} = 2x - a$$

$$(2x - a)^2 = a^2 + \frac{4a}{b}$$

$$x = \frac{1}{2}\left(a + \sqrt{a^2 + \frac{4a}{b}}\right)$$

引理 2　若 $x = [\overline{a,b}] = a + \cfrac{1}{b + \cfrac{1}{x}}$，则 $x = a + \dfrac{a}{bx}$.

证明　因为 $x = a + \cfrac{1}{b + \cfrac{1}{x}}$，即 $x\left(b + \dfrac{1}{x}\right) = a\left(b + \dfrac{1}{x}\right) + 1$. 进而有 $bx = ab + \dfrac{a}{x}$,

因此 $x = a + \dfrac{a}{bx}$.

定理　循环连分数 $[a, \overline{b}]$ 等于 $\dfrac{1}{2}\left(a + \sqrt{a^2 + \dfrac{4a}{b}}\right)$.

例如，$[\overline{1}] = \dfrac{1}{2}(1 + \sqrt{5})$，$[\overline{2}] = 1 + \sqrt{2}$，$[\overline{2,1}] = 1 + \sqrt{3}$，

$[\overline{3,2}] = \dfrac{1}{2}(3 + \sqrt{15})$.

练习　已知 n 是正整数，试证：

(1) $[n, \overline{2n}] = \sqrt{n^2 + 1}$；　　　(2) $[n, \overline{n, 2n}] = \sqrt{n^2 + 2}$；

(3) $[n, \overline{2, 2n}] = \sqrt{n^2 + n}$；　　　(4) $[n, \overline{1, 2n}] = \sqrt{n^2 + 2n}$.

提示：考虑 $[\overline{2n}]$，$[\overline{2n, n}]$，$[\overline{2n, 2}]$，以及 $[\overline{2n, 1}]$.

——罗杰·B. 尼尔森

丢番图平方和恒等式

定理 两个正整数，如果其中任何一个都能写成两个完全平方数之和，那么这两个正整数的积也可以表示成两个完全平方数之和，并且这样的表示方法有两种，即

$$(a^2+b^2)(c^2+d^2)=(ac+bd)^2+(ad-bc)^2, \tag{1}$$

以及

$$(a^2+b^2)(c^2+d^2)=(ad+bc)^2+(ac-bd)^2. \tag{2}$$

例如，$65=13\times5=(3^2+2^2)(2^2+1^2)=7^2+4^2=8^2+1^2$.

证明 式（1）不妨设 $ad>bc$，

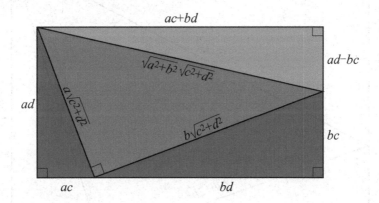

$$(\sqrt{a^2+b^2}\sqrt{c^2+d^2})^2=(ac+bd)^2+(ad-bc)^2.$$

交换图中 c 和 d 的位置即可证明式（2）.

——罗杰·B. 尼尔森

索菲·热尔曼恒等式

索菲·热尔曼恒等式在初等数论中应用十分广泛，同时也是数学竞赛中的常用公式. 即

$$a^4+4b^4=(a^2+2ab+2b^2)(a^2-2ab+2b^2),a,b\in\mathbb{R}.$$

证明 先考虑 a, b 均不为 0，且 $a\neq\pm b$ 的情况，即有 $|a+b|\neq 0$，$|a-b|\neq 0$，以及 $|a+b|\neq|a-b|$. 此时，由勾股定理可得下图.

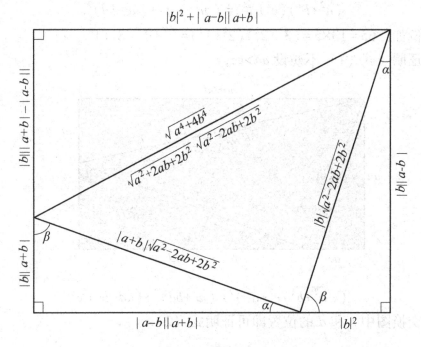

索菲·热尔曼恒等式的直观验证

其余情况（$a=0$ 或 $b=0$ 或 $a=\pm b$）都是平凡的，至此我们完成了证明.

——塞缪尔·G. 莫雷诺（Samuel G. Moreno）、
埃丝特·M. 加西亚-卡瓦列罗（Esther M. García-Caballero）

由折纸得到圆的有理参数方程

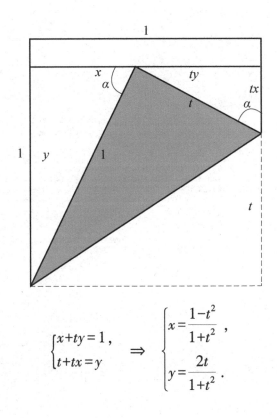

$$\begin{cases} x+ty=1, \\ t+tx=y \end{cases} \Rightarrow \begin{cases} x=\dfrac{1-t^2}{1+t^2}, \\ y=\dfrac{2t}{1+t^2}. \end{cases}$$

——埃琳娜·加拉克蒂奥娃（Elena Galaktionova）

不等式

正余切之和不小于 2

定理 若 $\alpha \in \left(0, \dfrac{\pi}{2}\right)$，则 $\tan \alpha + \cot \alpha \geqslant 2$.

证明

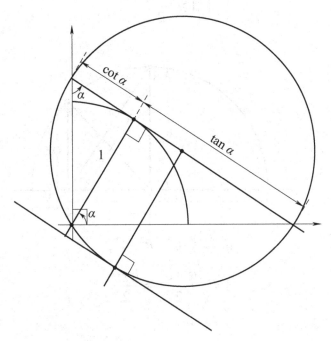

推论 对于 $x>0$，有 $x+\dfrac{1}{x} \geqslant 2$.

——安赫尔·普拉萨

两个均值的算术平均值

定理　给定正数 a，b，设 A，G，R 分别为 a，b 的算术平均值、几何平均值及均方根，那么有

$$A \geqslant \frac{R+G}{2}.$$

证明

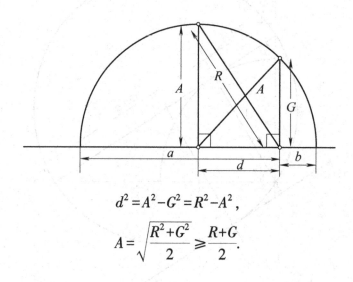

$$d^2 = A^2 - G^2 = R^2 - A^2,$$

$$A = \sqrt{\frac{R^2+G^2}{2}} \geqslant \frac{R+G}{2}.$$

——安赫尔·普拉萨

加菲尔德总统与柯西-施瓦茨不等式

第 20 届美国总统詹姆斯·艾布拉姆·加菲尔德在就任总统的 5 年前，也就是 1876 年，证明了勾股定理. 他的思路是用两种方法计算下图所示梯形的面积.

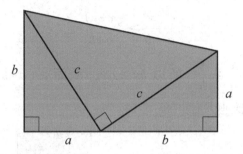

他的思路也可以证明柯西-施瓦茨不等式.

定理 设 a，b，c，d 为实数，则有

$$|ac+bd| \leq \sqrt{a^2+b^2}\sqrt{c^2+d^2}.$$

证明

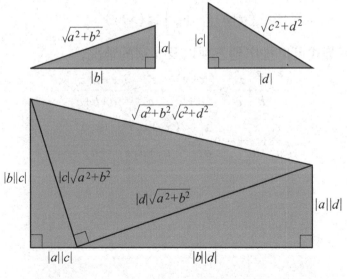

$$|ac+bd| \leq |a||c|+|b||d| \leq \sqrt{a^2+b^2}\sqrt{c^2+d^2}.$$

——克劳迪·阿尔西纳（Claudi Alsina）、罗杰·B. 尼尔森

蒂图引理

标题中这个引理所描述的不等式经常用来证明许多代数不等式类型的竞赛题，它也被称为塞德拉基扬不等式.

引理 设 a，b，x，y 均为实数，且 a，b 都大于 0，那么

$$\frac{x^2}{a}+\frac{y^2}{b}\geq\frac{(x+y)^2}{a+b}.$$

证明 不妨设 $\dfrac{x}{a}\geq\dfrac{y}{b}$. 所以 $bx\geq ay$，从而有 $(a+b)x\geq a(x+y)$ 以及 $b(x+y)\geq(a+b)y$. 因此

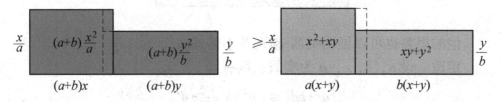

由此可得

$$(a+b)\left(\frac{x^2}{a}+\frac{y^2}{b}\right)\geq(x+y)^2.$$

上述不等式可以推广到三项以及 n 项的情况，

$$\frac{x^2}{a}+\frac{y^2}{b}+\frac{z^2}{c}\geq\frac{(x+y)^2}{a+b}+\frac{z^2}{c}\geq\frac{(x+y+z)^2}{a+b+c},$$

$$\frac{x_1^2}{a_1}+\frac{x_2^2}{a_2}+\cdots+\frac{x_n^2}{a_n}\geq\frac{(x_1+x_2+\cdots+x_n)^2}{a_1+a_2+\cdots+a_n}.$$

——罗杰·B. 尼尔森

三角、微积分与解析几何

csc $2x$ = cot x − cot $2x$

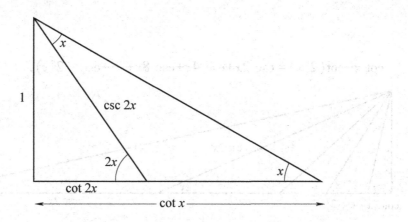

——希卡·钱德拉舍哈尔（Shikha Chandrashekhar）

把余切表示为等比数列的余割之和

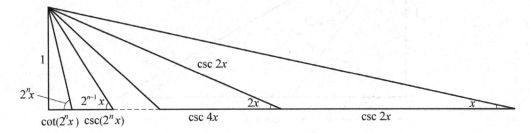

$$\cot x - \cot(2^n x) = \csc 2x + \csc 4x + \csc 8x + \cdots + \csc(2^n x).$$

——K. B. 苏布拉马尼亚姆（K. B. Subramaniam）

$$\sin 2A + \sin 2B + \sin 2C = 4\sin A \, \sin B \, \sin C\,(\text{其中}\, A + B + C = \pi)$$

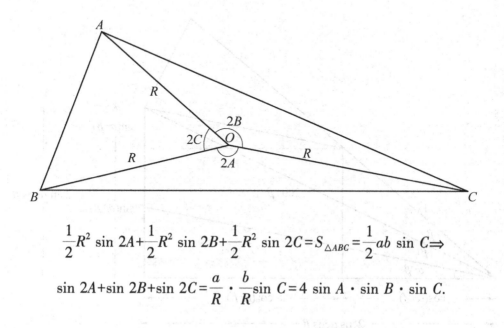

$$\frac{1}{2}R^2 \sin 2A + \frac{1}{2}R^2 \sin 2B + \frac{1}{2}R^2 \sin 2C = S_{\triangle ABC} = \frac{1}{2}ab \sin C \Rightarrow$$

$$\sin 2A + \sin 2B + \sin 2C = \frac{a}{R} \cdot \frac{b}{R}\sin C = 4 \sin A \cdot \sin B \cdot \sin C.$$

——K. B. 苏布拉马尼亚姆

积化和差公式

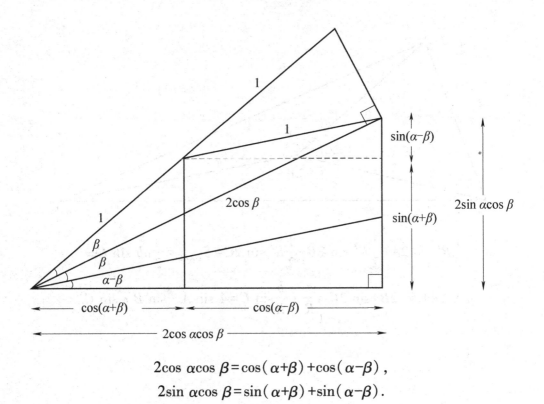

$$2\cos\alpha\cos\beta = \cos(\alpha+\beta) + \cos(\alpha-\beta),$$
$$2\sin\alpha\cos\beta = \sin(\alpha+\beta) + \sin(\alpha-\beta).$$

——约翰·莫洛卡奇

tan 15°和 tan 75°

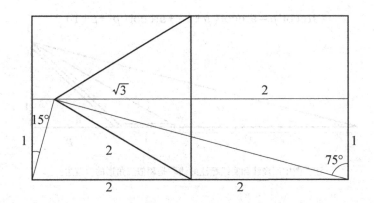

$$\tan 15° = 2 - \sqrt{3} \,, \quad \tan 75° = 2 + \sqrt{3}\,.$$

——加西亚·卡皮坦·弗朗西斯科·哈维尔

（García Capitán Francisco Javier）

反正切函数之间的关系

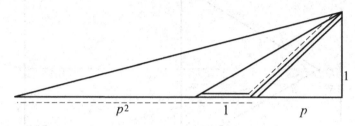

$$\text{arccot } p = \text{arccot}(p+1) + \text{arccot}(p^2+p+1)$$

注：图中用虚线和实线标注的线段是相似三角形的对应边。

——保罗·斯蒂芬森（Paul Stephenson）

一个源自韦达的恒等式

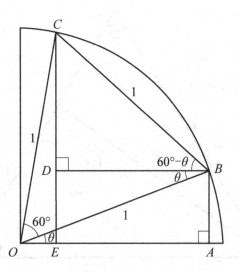

$AB = CE - CD \Rightarrow \sin\theta = \sin(60° + \theta) - \sin(60° - \theta)$,

$OA = OE + BD \Rightarrow \cos\theta = \cos(60° + \theta) + \cos(60° - \theta)$.

第二个恒等式最早见于韦达的第一部数学著作《应用于三角形的数学定律》.

——雷克斯·吴

$$\text{arcsin } x + 2\text{arcsin} \sqrt{\frac{1-x}{2}} = \frac{\pi}{2}$$

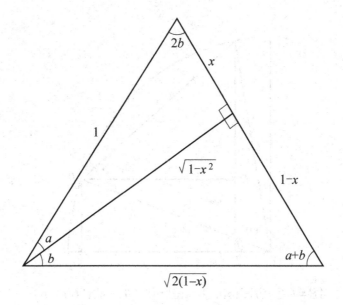

——戴维·迈尔斯（David Miles）

源自布雷索和芬克的三角图以及恒等式

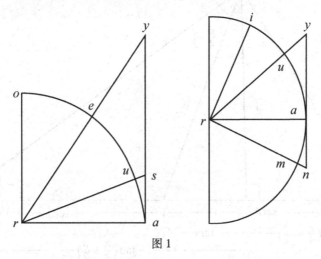

图 1

注：左右两图中，弧 $\overgroup{au}$ 所对的圆心角均为 θ，线段 re 和 ri 都平分

弧 $\overgroup{au}$ 所对圆心角的余角，右图中，弧 $\overgroup{am}$ 等于弧 $\overgroup{ui}$.

$$\tan\theta + \sec\theta = \tan\left(\frac{\pi}{4} + \frac{\theta}{2}\right),$$

$$\sec\theta - \tan\theta = \tan\left(\frac{\pi}{4} - \frac{\theta}{2}\right),$$

$$2\sec\theta = \tan\left(\frac{\pi}{4} + \frac{\theta}{2}\right) + \tan\left(\frac{\pi}{4} - \frac{\theta}{2}\right),$$

$$2\tan\theta = \tan\left(\frac{\pi}{4} + \frac{\theta}{2}\right) - \tan\left(\frac{\pi}{4} - \frac{\theta}{2}\right).$$

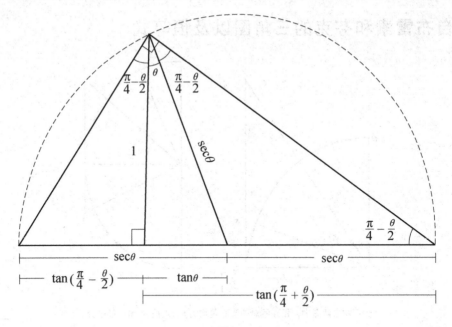

图 2

$$\tan\left(\frac{\pi}{4}+\frac{\theta}{2}\right)=\frac{1+\sin\theta}{\cos\theta}=\frac{\cos\theta}{1-\sin\theta},$$

$$\tan\left(\frac{\pi}{4}-\frac{\theta}{2}\right)=\frac{1-\sin\theta}{\cos\theta}=\frac{\cos\theta}{1+\sin\theta}.$$

——雷克斯·吴

用正弦定理推导摩尔维特方程

摩尔维特方程：在 $\triangle ABC$ 中，有

$$\frac{\sin\dfrac{\alpha-\beta}{2}}{\cos\dfrac{\gamma}{2}}=\frac{a-b}{c}\ \text{和}\ \frac{\cos\dfrac{\alpha-\beta}{2}}{\cos\dfrac{\gamma}{2}}=\frac{a+b}{c},$$

其中，α,β,γ 分别为边 a,b,c 的对角．

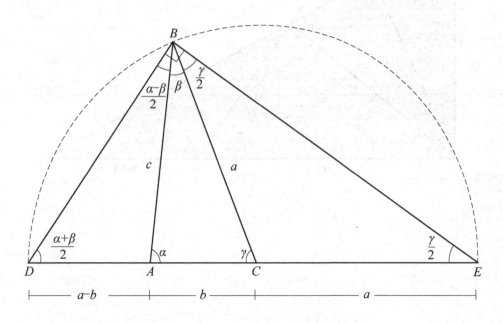

提示：$\dfrac{\alpha+\beta}{2}$ 和 $\dfrac{\gamma}{2}$ 互余，$\dfrac{\alpha-\beta}{2}$ 和 $\beta+\dfrac{\gamma}{2}$ 互余．

——雷克斯·吴

一个关于 **sec *x*+tan *x*** 的恒等式

证明　$\sec x + \tan x = \tan\left(\dfrac{\pi}{4} + \dfrac{x}{2}\right).$

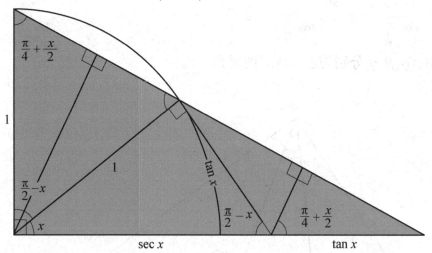

正十二边形和 cot 15°

命题 $\cot \dfrac{\pi}{12} = 2 + \sqrt{3}$.

证明   设 $n = 12, a = 1$.

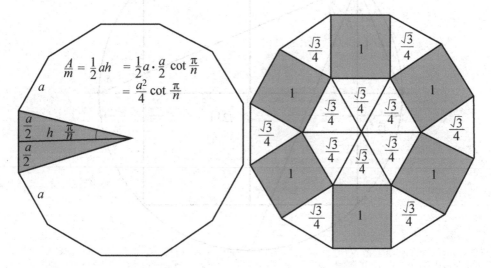

$$A = \frac{na^2}{4} \cdot \cot \frac{\pi}{12} = \frac{12}{4} \cot \frac{\pi}{12},$$

$$A = 6 + 12 \times \frac{\sqrt{3}}{4} = 6 + 3\sqrt{3},$$

$$3 \cot \frac{\pi}{12} = 6 + 3\sqrt{3} \Rightarrow \cot \frac{\pi}{12} = 2 + \sqrt{3}.$$

——冈汉·卡格拉扬（Günhan Caglayan）

三个反正切恒等式

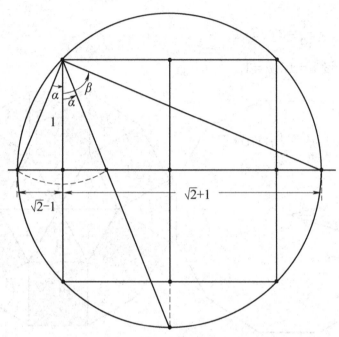

$$\alpha = \arctan(\sqrt{2}-1) = \frac{\pi}{8}, \ \beta = \arctan(\sqrt{2}+1) = \frac{3\pi}{8},$$

$$\beta - \alpha = \arctan(\sqrt{2}+1) - \arctan(\sqrt{2}-1) = \frac{\pi}{4}.$$

——安赫尔·普拉萨

一个算术平均递推数列的极限

设数列 $\{a_n\}$ 的递推关系为 $a_{n+1}=\dfrac{a_n+a_{n-1}}{2}$（$n\geq 2$），$a_1$ 和 a_2 是给定的初始值，那么 $\lim\limits_{n\to\infty}a_n=\dfrac{1}{3}a_1+\dfrac{2}{3}a_2$.

证明

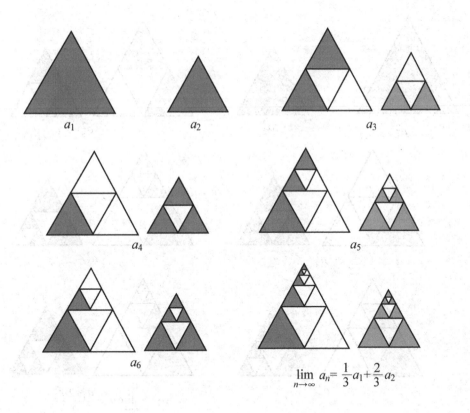

$$\lim_{n\to\infty} a_n=\frac{1}{3}a_1+\frac{2}{3}a_2$$

——安赫尔·普拉萨

一个方均根递推数列的极限

设数列 $\{a_n\}$ 的递推关系为 $a_{n+1}=\sqrt{\dfrac{a_n^2+a_{n-1}^2}{2}}$（$n\geqslant2$），$a_1$ 和 a_2 是给定的正实数，那么 $\lim\limits_{n\to\infty}a_n=\sqrt{\dfrac{a_1^2+2a_2^2}{3}}$.

证明

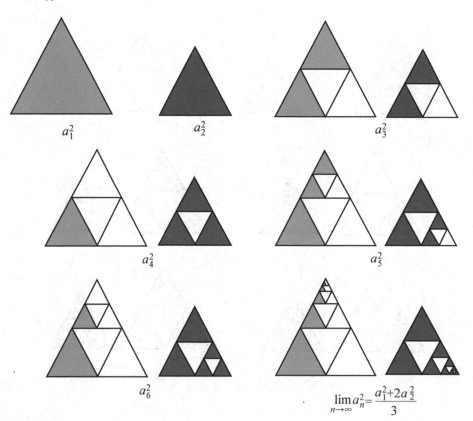

——安赫尔·普拉萨

黎曼 ζ 函数与欧拉-马歇罗尼常数（通常称为欧拉常数）

黎曼 ζ 函数的定义式 $\zeta(n) = \displaystyle\sum_{k=1}^{\infty} k^{-n}$,

欧拉常数定义式 $\gamma = \displaystyle\sum_{k=1}^{\infty}\left(\frac{1}{k} - \ln\frac{k+1}{k}\right) = 1 - \sum_{k=2}^{\infty}\left(\ln\frac{k}{k-1} - \frac{1}{k}\right)$.

定理 $\displaystyle\sum_{n=2}^{\infty}\frac{\zeta(n)-1}{n} = 1 - \gamma$.

证明   分别按行和列求和.

$$
\begin{array}{cccccc}
\frac{1}{2}\left(\frac{1}{2}\right)^2 & \frac{1}{3}\left(\frac{1}{2}\right)^3 & \cdots & \frac{1}{k}\left(\frac{1}{2}\right)^k & \cdots & \displaystyle\int_0^{\frac{1}{2}}\frac{x}{1-x}\mathrm{d}x = \ln 2 - \frac{1}{2} \\[2mm]
\frac{1}{2}\left(\frac{1}{3}\right)^2 & \frac{1}{3}\left(\frac{1}{3}\right)^3 & \cdots & \frac{1}{k}\left(\frac{1}{3}\right)^k & \cdots & \displaystyle\int_0^{\frac{1}{3}}\frac{x}{1-x}\mathrm{d}x = \ln\frac{3}{2} - \frac{1}{3} \\[2mm]
\vdots & \vdots & & \vdots & & \vdots \\[2mm]
\frac{1}{2}\left(\frac{1}{k}\right)^2 & \frac{1}{3}\left(\frac{1}{k}\right)^3 & \cdots & \frac{1}{k}\left(\frac{1}{k}\right)^k & \cdots & \displaystyle\int_0^{\frac{1}{k}}\frac{x}{1-x}\mathrm{d}x = \ln\frac{k}{k-1} - \frac{1}{k} \\[2mm]
\vdots & \vdots & & \vdots & \ddots & \\[2mm]
\frac{\zeta(2)-1}{2} & \frac{\zeta(3)-1}{3} \cdots \frac{\zeta(k)-1}{k} \cdots & & \displaystyle\sum_{k=2}^{\infty}\frac{\zeta(k)-1}{k} = \sum_{k=2}^{\infty}\left(\ln\frac{k}{k-1} - \frac{1}{k}\right)
\end{array}
$$

——杰拉尔德·E. 比洛多（Gerald E. Bilodeau）

重新排列的交错调和级数

在数学写真集（第 4 季）第 163 页中，我们摘录了马特·赫德尔森关于交错调和级数收敛到 ln 2 的无字证明. 类似的方法也可证明下述等式：

$$1-\frac{1}{2}-\frac{1}{4}+\frac{1}{3}-\frac{1}{6}-\frac{1}{8}+\frac{1}{5}-\frac{1}{10}-\frac{1}{12}+\frac{1}{7}-\frac{1}{14}+\cdots=\frac{1}{2}\ln2.^{\ominus}$$

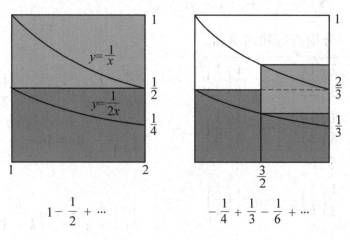

$$1-\frac{1}{2}+\cdots \qquad\qquad -\frac{1}{4}+\frac{1}{3}-\frac{1}{6}+\cdots$$

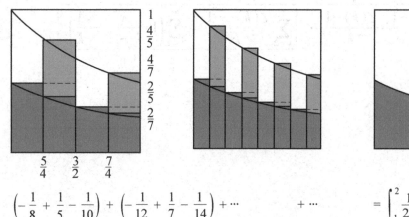

$$\left(-\frac{1}{8}+\frac{1}{5}-\frac{1}{10}\right)+\left(-\frac{1}{12}+\frac{1}{7}-\frac{1}{14}\right)+\cdots \qquad +\cdots \qquad =\int_{1}^{2}\frac{1}{2x}\,dx=\frac{1}{2}\ln2$$

——安亚军、汤姆·埃德加（Tom Edgar）

欧拉常数的界

命题 欧拉常数 $\gamma = \lim\limits_{n\to\infty}\left(\sum\limits_{k=1}^{n}\dfrac{1}{k} - \ln(n+1)\right) = \sum\limits_{k=1}^{\infty}\left(\dfrac{1}{k} - \int_{k}^{k+1}\dfrac{\mathrm{d}x}{x}\right)$ 满

足 $\dfrac{1}{2} < \gamma < 2 - 2\ln 2$.

证明

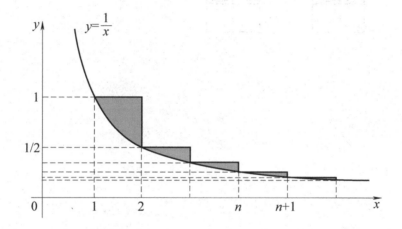

$$\frac{1}{2}\left(\frac{1}{k}-\frac{1}{k+1}\right) \quad < \quad \frac{1}{k}-\int_{k}^{k+1}\frac{dx}{x} \quad < \quad \frac{1}{k}-\frac{1}{k+\frac{1}{2}} \quad =2\left(\frac{1}{2k}-\frac{1}{2k+1}\right)$$

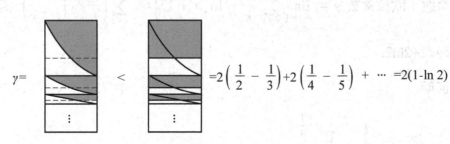

$$\gamma= \quad < \quad =2\left(\frac{1}{2}-\frac{1}{3}\right)+2\left(\frac{1}{4}-\frac{1}{5}\right) \;+\; \cdots \; =2(1\text{-}\ln 2)$$

——邵美悦

整数与整数求和

利用梯形计算三角形数

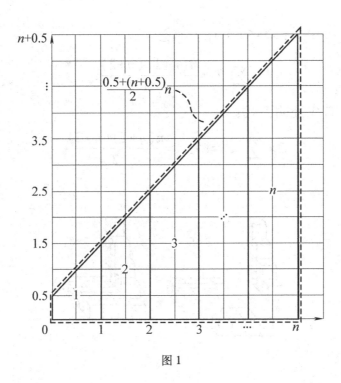

$$\frac{0.5+(n+0.5)}{2}n$$

图 1

另一种等价的证明思路：

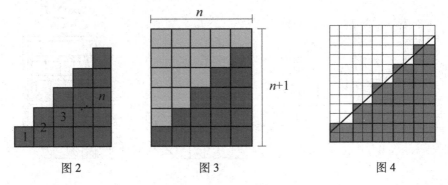

图 2   图 3   图 4

——吉安娜·加斯帕（Jaima Gaspar）

三角形数之和 I

定理 设 $T_k = 1+2+3+\cdots+k$，那么

$$\sum_{k=1}^{n} T_k = \frac{n(n+1)(n+2)}{6}.$$

证明 首先证明下式：

$$3 \times \sum_{k=1}^{n} T_k = nT_{n+1} = \frac{n(n+1)(n+2)}{2}.$$

这是因为

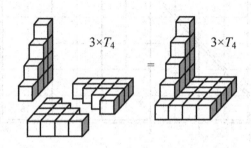

且有

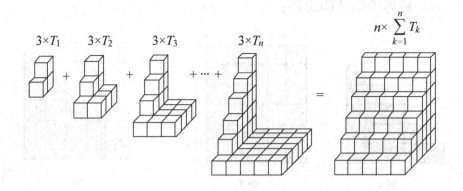

又有

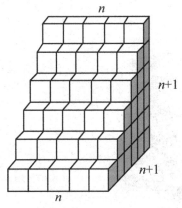

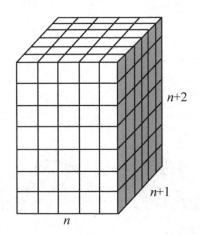

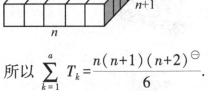

所以 $\displaystyle\sum_{k=1}^{a} T_k = \dfrac{n(n+1)(n+2)^{\ominus}}{6}.$

——哈桑·乌纳尔（Hasan Unal）

利用四面体数推导正四面体体积公式

证明

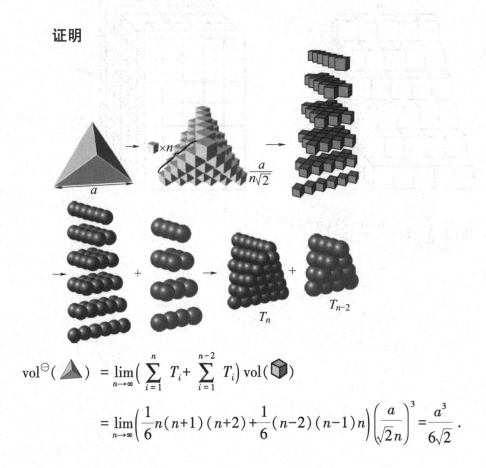

$$\mathrm{vol}^{\ominus}\left(\triangle\right) = \lim_{n\to\infty}\left(\sum_{i=1}^{n} T_i + \sum_{i=1}^{n-2} T_i\right) \mathrm{vol}(\text{⬡})$$

$$= \lim_{n\to\infty}\left(\frac{1}{6}n(n+1)(n+2)+\frac{1}{6}(n-2)(n-1)n\right)\left(\frac{a}{\sqrt{2}\,n}\right)^3 = \frac{a^3}{6\sqrt{2}} .$$

——朱春蓬

四棱锥数和三角形数的算术平均数是四面体数

在本文中，T_n 表示第 n 个三角形数，t_n 表示第 n 个四面体数，P_n 表示第 n 个四棱锥数.

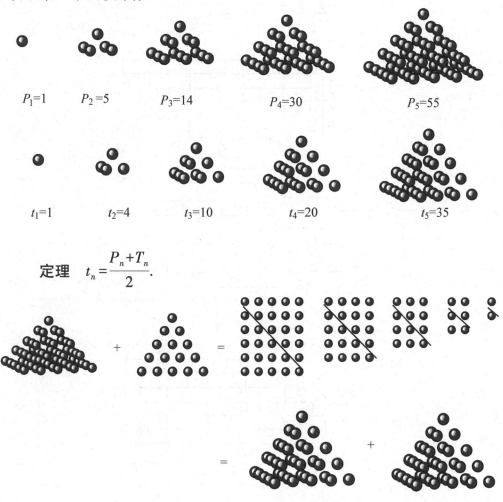

$P_1=1$ $P_2=5$ $P_3=14$ $P_4=30$ $P_5=55$

$t_1=1$ $t_2=4$ $t_3=10$ $t_4=20$ $t_5=35$

定理 $t_n = \dfrac{P_n + T_n}{2}.$

——汤姆·埃德加

三角形数之和 Ⅱ

定理

$$\sum_{k=1}^{n} T_k = \frac{n(n+1)(n+2)}{6}.$$

证明

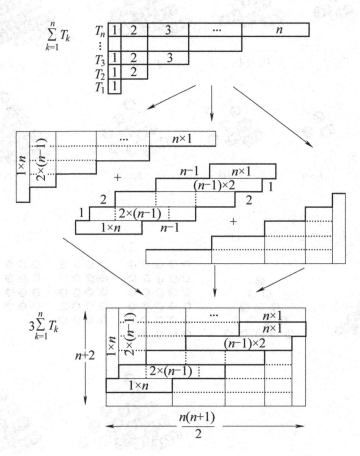

——安赫尔·普拉萨

三角形数之和与四次方幂

$$1+15 = 4^2 = 2^4,$$
$$15+66 = 9^2 = 3^4,$$
$$66+190 = 16^2 = 4^4,$$
$$\vdots$$

$$T(n) = 1+2+\cdots+n \Rightarrow T(n^2+n-1) + T(n^2+3n+1) = ((n+1)^2)^2 = (n+1)^4.$$

例如，当 $n=3$ 时，

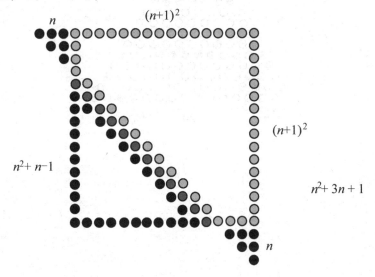

——查尔斯·F. 马里恩（Char Les F. Marion）

关于三角形数之差的一个恒等式

命题 当 n 为正整数时, 有
$$T_{4n} = 4\left(T_{2n} - T_n\right) + n + T_{2n-1}.$$

证明 以 $n=4$ 为例,

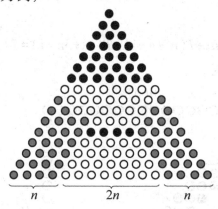

——冈汉·卡格拉扬

除两个三角形数之外，其他三角形数都是 3 个三角形数之和

命题　除了 $n=1$ 和 3 之外，所有的 T_n 都是 3 个三角形数之和.

证明　$T_{3n-1}=2T_{2n-1}+T_n$（$n \geqslant 1$）.

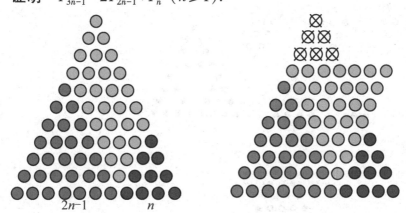

$$T_{3n}=2T_{2n}+T_{n-1} \quad (n \geqslant 2)$$

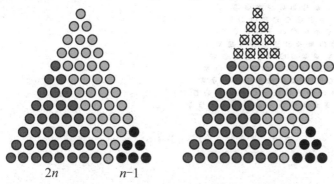

$$T_{3n+1}=T_{2n+1}+T_{2n}+T_n \quad (n \geqslant 1)$$

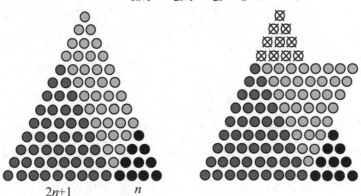

——罗杰·B. 尼尔森

3 的幂与三角形数

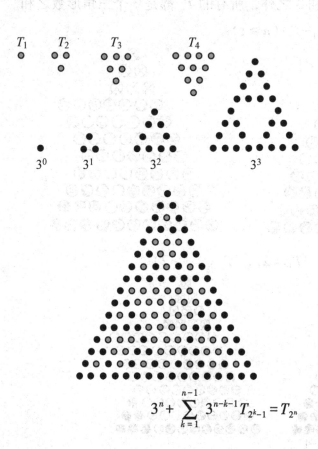

$$3^n + \sum_{k=1}^{n-1} 3^{n-k-1} T_{2^k-1} = T_{2^n}$$

——C. 戴维·利奇（C. David Leach）

三角形数的递推式及推广

定理　$T_n = 3T_{n-1} - 3T_{n-2} + T_{n-3}$.

证明

设 $\{a_n\}$ 和 $\{b_n\}$ 满足同样的递推关系，再设 $S_n = ca_n + db_n$，则 $\{S_n\}$ 也满足该递推关系.

推论 1　对角型 k 边形数 $p_n^k = \sum_{i=0}^{n-1}((k-2)i+1) = (k-3)T_{n-1} + T_n$，满足 $p_n^k = 3p_{n-1}^k - 3p_{n-2}^k + p_{n-3}^k$.

推论 2　中心型 k 边形数 $c_n^k = kT_{n-1} + 1$，并且还满足 $c_n^k = 3c_{n-1}^k - 3c_{n-2}^k + c_{n-3}^k$.

推论 3　任意形如 $f_n = an^2 + bn + c$ 的数列都满足 $f_n = 3f_{n-1} - 3f_{n-2} + f_{n-3}$，这是因为 $n^2 = T_n + T_{n-1}$，$n = T_n - T_{n-1}$.

——汤姆·埃德加

奇平方数与三角形数之积

定理 $(2k+1)^2 \cdot T_n = T_{(2k+1)n+k} - T_k$ （n，$k \in \mathbb{N}$）

证明

以 $k=2$，$n=2$ 为例   以 $k=1$，$n=3$ 为例

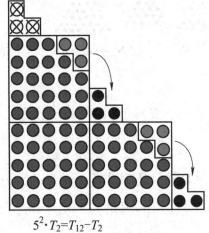

$5^2 \cdot T_2 = T_{12} - T_2$

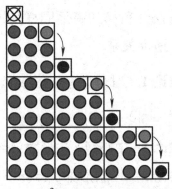

$3^2 \cdot T_3 = T_{10} - T_1$

——布莱恩·霍普金斯（Brian Hopkins）

关于平方数与三角形数的求和式

$$T_k = \sum_{j=1}^{k} j \Rightarrow \sum_{k=1}^{2n} T_k = 4 \sum_{k=1}^{n} k^2.$$

——安德烈·彼得罗夫斯基（Andrzej Piotrowski）

三角形数之和与完全平方数

命题 对任意正整数 n，都有 $T_n + T_{7n-2} = (5n-1)^2$ 以及 $T_n + T_{7n+8} = (5n+6)^2$.

证明 以 $n=3$ 为例，

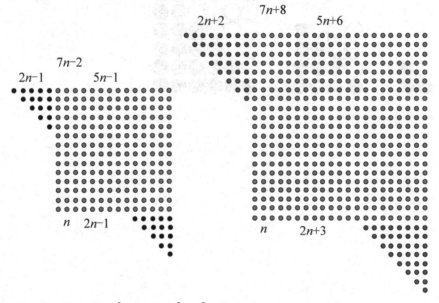

更一般地，设 $a^2 + (a+1)^2 = c^2$，那么

$$T_n + T_{(6a+4c+3)n-(a+c+1)} = \left[(4a+3c+2)n - \frac{2a+c+1}{2} \right]^2,$$

$$T_n + T_{(6a+4c+3)n+7a+5c+3} = \left[(4a+3c+2)n + \frac{10a+7c+5}{2} \right]^2.$$

——查尔斯·F. 马里恩

偶完全数与三角形数

定理   设 p 为大于 1 的奇数，那么 $N_p = 2^{p-1}(2^p - 1) = 1 + 9T_n$，其中 $n = \dfrac{2^p - 2}{3}$.

证明   以 $p = 5$，$N_5 = 16 \cdot 31$，$n = 10$ 为例

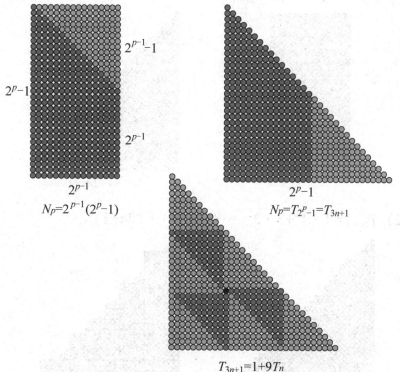

$$N_p = 2^{p-1}(2^p - 1)$$

$$N_p = T_{2^p - 1} = T_{3n+1}$$

$$T_{3n+1} = 1 + 9T_n$$

若 p 和 $2^p - 1$ 均为奇素数，可知偶完全数都满足上述定理.

——罗杰·B. 尼尔森

奇立方数的和与偶完全数

定理　当 p 为正奇数时，$N_p = 2^{p-1}(2^p-1) = 1^3 + 3^3 + \cdots + (2n-1)^3$，其中 $n = 2^{\frac{p-1}{2}}$.

证明　以 $p=5$，$N = 16 \cdot 31$，$n=4$ 为例.

（1）$N_p = 2^{p-1}(2^p-1) = T_{2n^2-1}$.

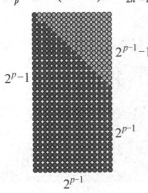
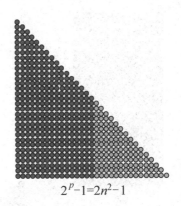

（2）$T_{2n^2-1} = 1 \cdot 1^2 + 3 \cdot 3^2 + \cdots + (2n-1) \cdot (2n-1)^2$.

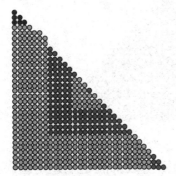
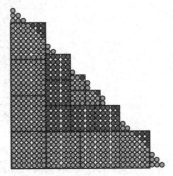

若 p 和 2^p-1 均为奇素数，可知偶完全数都满足上述定理.

——罗杰·B. 尼尔森

火柴三角形

设如下搭建 n 层三角形需要的火柴数量为 M_n，易知 $M_1 = 3$，$M_2 = 9$，$M_3 = 18$，$M_4 = 30$，即

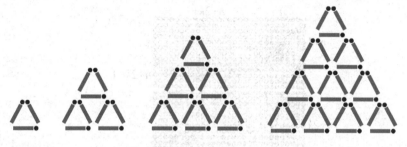

定理　$M_n = 3T_n = T_{2n} - T_{n-1}.$

证明

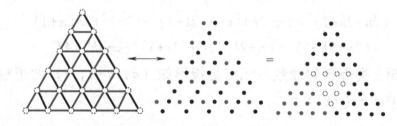

推论　$M_n = T_{2n} - T_{n-1} = T_{2n+1} - T_{n+1}.$

证明

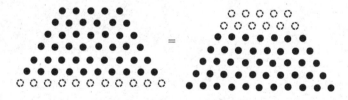

——汤姆·埃德加

完全平方型的三角形数与类等腰勾股数三元组

定理 $T_n = k^2 \Longleftrightarrow (2n+2k+1)^2 = (n+2k)^2 + (n+2k+1)^2.$

证明   利用容斥原理，以 $(n,k) = (8,6)$ 为例，

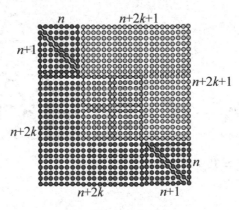

$$(2n+2k+1)^2 = (n+2k)^2 + (n+2k+1)^2 - (2k)^2 + 2n(n+1),$$

$$(2n+2k+1)^2 = (n+2k)^2 + (n+2k+1)^2 \Longleftrightarrow 4k^2 = 4T_n.$$

说明   类等腰勾股数三元组是指形如 $(a,\ a+1,\ c)$ 的正整数数组，其中 $a^2 + (a+1)^2 = c^2$.

——罗杰·B. 尼尔森

每个协衡器都是平衡数

定义 设 n 和 r 都是正整数，若 $1+2+\cdots+n=(n+1)+\cdots+(n+r)$，则称 n 为关于协衡器 r 的协衡数. 所有的协衡数满足递推关系 $b_{n+1}=6b_n-b_{n-1}+2$. 其中 $b_1=2, b_2=14$.

若 $1+2+\cdots+(n-1)=(n+1)+(n+2)+\cdots+(n+r)$，则称 n 为关于平衡器 r 的平衡数.

定理 当且仅当 r 是平衡数时，r 可以作为某个数 n 的协衡器.

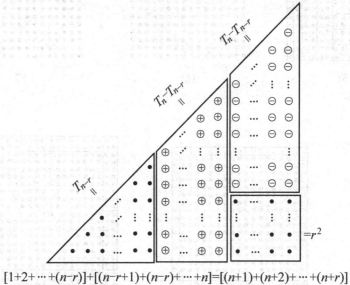

$$[1+2+\cdots+(n-r)]+[(n-r+1)+(n-r)+\cdots+n]=[(n+1)+(n+2)+\cdots+(n+r)]$$

——G. K. 潘达（G. K. Panda）、
拉维·库马尔·达瓦拉（Ravi Kumar Davala）

勾股定理的推广

当 $n \geqslant 1$ 时，$(2n^2+3n+1)^2+(2n^2+3n+2)^2+\cdots+(2n^2+4n+1)^2 =$
$(n+1)^2+(2n^2+4n+3)^2+\cdots+(2n^2+5n+2)^2.$

证明 以 $n=2$ 为例，

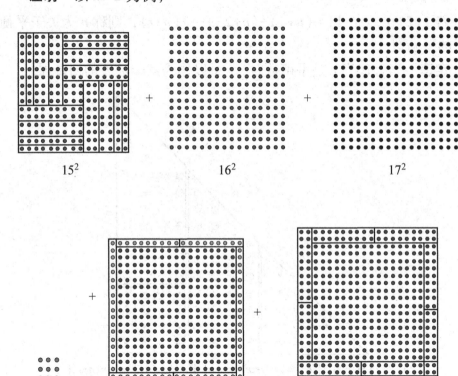

——查尔斯·F. 马里恩

关于三角形数的等量关系

等量关系 1.

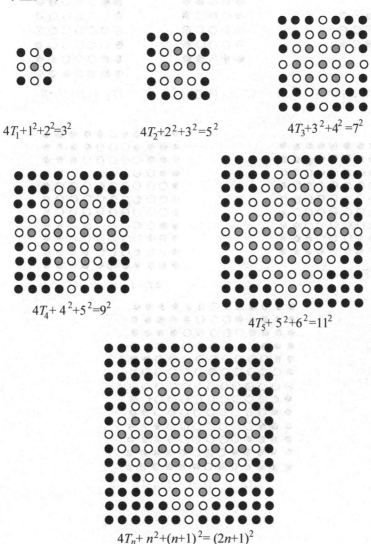

$$4T_1+1^2+2^2=3^2$$

$$4T_2+2^2+3^2=5^2$$

$$4T_3+3^2+4^2=7^2$$

$$4T_4+4^2+5^2=9^2$$

$$4T_5+5^2+6^2=11^2$$

$$4T_n+n^2+(n+1)^2=(2n+1)^2$$

等量关系 2.

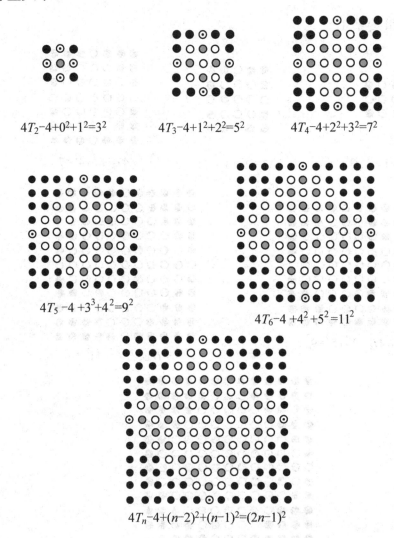

$4T_2-4+0^2+1^2=3^2$ $4T_3-4+1^2+2^2=5^2$ $4T_4-4+2^2+3^2=7^2$

$4T_5-4+3^3+4^2=9^2$

$4T_6-4+4^2+5^2=11^2$

$4T_n-4+(n-2)^2+(n-1)^2=(2n-1)^2$

——冈汉·卡格拉扬

存在无穷多个类等腰勾股数三元组

引理

（1）

$$(4a+3c+2)^2 = (3a+2c+1)^2 + (3a+2c+2)^2 \Leftrightarrow (2a+c+1)^2 = 2(a+c)(a+c+1).$$

（2）

$$(2a+c+1)^2 = 2(a+c)(a+c+1)^2 \Leftrightarrow a^2 + (a+1)^2 = c^2.$$

证明

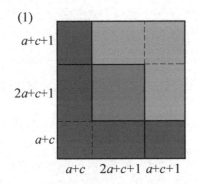 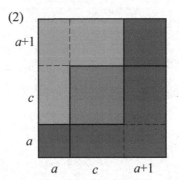

（1）

$$(4a+3c+2)^2 = (3a+2c+1)^2 + (3a+2c+2)^2 - (2a+c+1)^2 + 2(a+c)(a+c+1).$$

（2）

$$(2a+c+1)^2 = 2(a+c)(a+c+1) - c^2 + a^2 + (a+1)^2.$$

定理 由 $3^2 + 4^2 = 5^2$ 和上述引理，可递推地构造出无穷多个类等腰勾股数三元组.

推论 两直角边是两个相邻的三角形数，这样的勾股数三元组有无穷多个.

证明

例如，$3^2+4^2=5^2 \Leftrightarrow T_6^2+T_7^2=(7 \cdot 5)^2$，$20^2+21^2=29^2 \Leftrightarrow T_{40}^2+T_{41}^2=(41 \cdot 29)^2$，$119^2+120^2=169^2 \Rightarrow T_{238}^2+T_{239}^2=(239 \cdot 169)^2$，以此类推.

——罗尼·B. 尼尔森

类正方体的毕达哥拉斯盒

毕达哥拉斯盒是指棱长 a, b, c 和体对角线 d 都是正整数的长方体,也可用四维数组 (a, b, c, d) 表示. 类正方体的毕达哥拉斯盒是形如 $(a, a, a+1, d)$ 或 $(a, a+1, a+1, d)$ 的毕达哥拉斯盒. 例如 $(1, 2, 2, 3)$ 和 $(6, 6, 7, 11)$,特别地,$(0, 0, 1, 1)$ 也看作退化的盒.

引理 (a, b, c, d) 是毕达哥拉斯盒的充分必要条件是
$$(a+b+d)^2 + (b+c+d)^2 + (a+c+d)^2 = (a+b+c+2d)^2.$$

证明 利用容斥原理,以 $(2, 3, 4, 7)$ 为例.

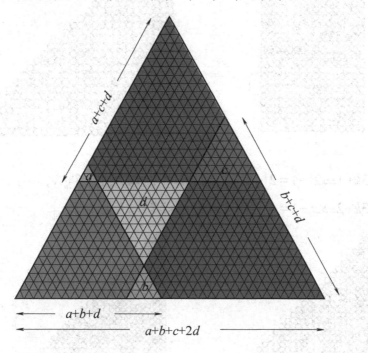

$$(a+b+c+2d)^2 = (a+b+d)^2 + (b+c+d)^2 + (a+c+d)^2 - a^2 - b^2 - c^2 + d^2.$$

定理 存在无穷多个类正方体的毕达哥拉斯盒.

证明 利用引理可得如下递推序列:
$$(0,0,1,1) \rightarrow (1,2,2,3) \rightarrow (6,6,7,11) \rightarrow (23,24,24,41) \rightarrow$$
$$(88,88,89,153) \rightarrow \cdots.$$

——罗杰·B. 尼尔森

偶完全数模 7 的余数

定理 当正整数 p 不能被 3 整除时，$N_p = 2^{p-1}(2^p-1)$ 模 7 余 1 或 6. 特别地，

证明 $N_p = 2^{p-1}(2^p-1) = T_{2^p-1} \cdot p$

$$\equiv 1 \pmod 3 \Rightarrow N_p \equiv 1 \pmod 7,\ p \equiv 2 \pmod 3 \Rightarrow N_p \equiv 6 \pmod 7.$$

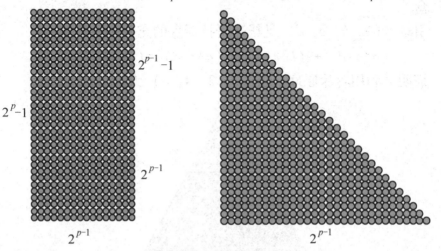

$2^{p-1}-1$

2^p-1

2^{p-1}

2^{p-1}

2^{p-1}

$$p = 3k+1 \Rightarrow 2^p-1 = 2 \cdot 8^k-1 \equiv 1 \pmod 7 \Rightarrow N_{3k+1} = T_{7n+1},$$

$$p = 3k+2 \Rightarrow 2^p-1 = 4 \cdot 8^k-1 \equiv 3 \pmod 7 \Rightarrow N_{3k+2} = T_{7n+3}.$$

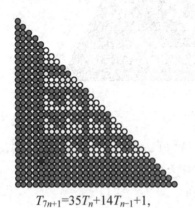

$T_{7n+1} = 35T_n + 14T_{n-1} + 1,$

所以 $N_{3k+1} \equiv 1 \pmod 7$.

$T_{7n+3} = 49T_n + 6,$

所以 $N_{3k+2} \equiv 6 \pmod 7$.

若 p 和 2^p-1 均为奇素数，可知偶完全数都满足上述定理.

——罗杰·B. 尼尔森

素数的平方模 24 的余数

设 p 为形如 $6n-1$ 或 $6n+1$ 的正整数, 那么 $p^2 \equiv 1 \pmod{24}$.

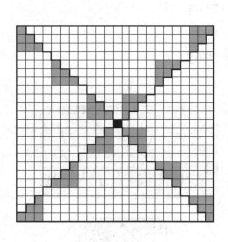 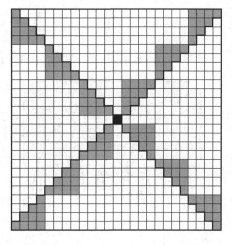

$(6n-1)^2 = 24n^2 + 24T_{n-1} + 1$, $(6n+1)^2 = 24n^2 + 24T_n + 1$. (规定 $T_0 = 0$)

特别地, 有如下定理:

定理　当 p 是大于 3 的素数时, $p^2 \equiv 1 \pmod{24}$.

——罗杰·B. 尼尔森

利用自相似求和

定理　设 r 和 n 均为整数，且 $r \geqslant 2$，$n \geqslant 0$，则有

$$\sum_{k=0}^{n} r^k = \frac{r^{n+1}-1}{r-1}.$$

证明　下图证明了 $r=2$，$n=3$ 的情况.

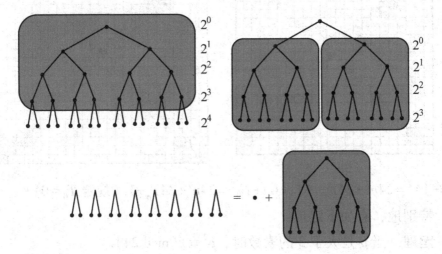

下图证明了 $r=3$，$n=2$ 的情况.

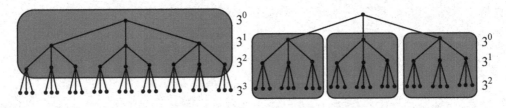

——小林由纪夫（Yukio Kobayashi）

斐波那契数列中相邻两项的平方和

定理 $F(2n+1)=(F(n))^2+(F(n+1))^2$，其中 $F(n)$ 表示斐波那契数列[⊖]的第 n 项.

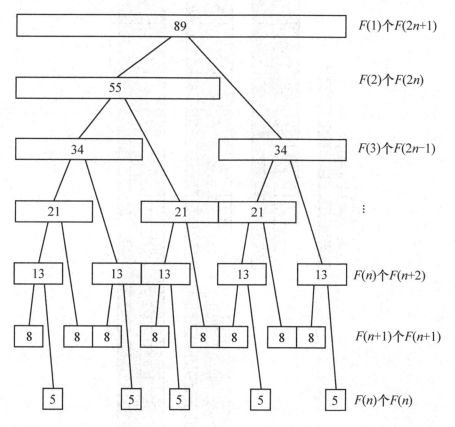

右侧标注：
$F(1)$ 个 $F(2n+1)$
$F(2)$ 个 $F(2n)$
$F(3)$ 个 $F(2n-1)$
$\vdots$
$F(n)$ 个 $F(n+2)$
$F(n+1)$ 个 $F(n+1)$
$F(n)$ 个 $F(n)$

——蒂姆·普莱斯（Tim Price）

⊖ 斐波那契数列的前两项可定义为 1, 1, 也可定义为 0, 1, 依书写者的习惯而定, 请读者注意分辨. ——编者注

由正方形拼成的狭窄长方形

定理　$(1^2+2^2+\cdots+n^2)\cdot 3\cdot 2=n\cdot(n+n^2+1+n^2+n+n)$.

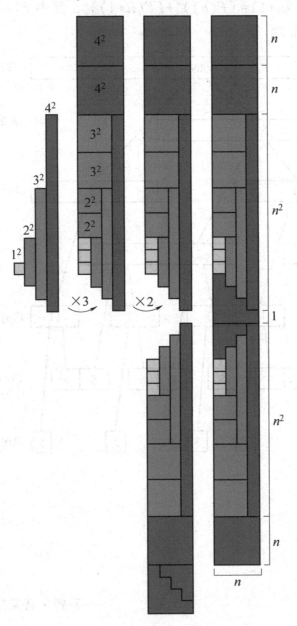

——斯蒂芬·贝伦登克（Stephan Berendonk）

正方体拼搭

$$4(1^3+2^3+\cdots+n^3)=n^2(n+1)^2.$$

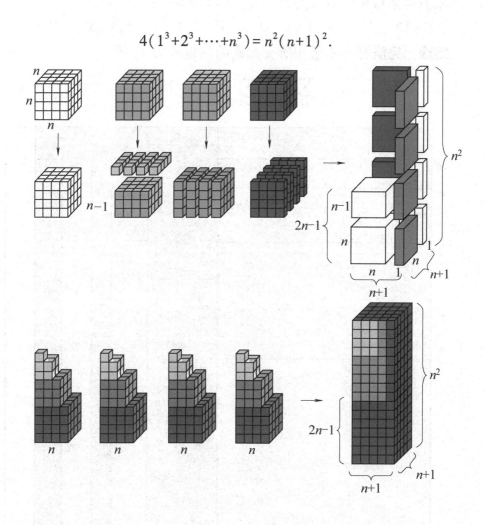

——桑贾·斯蒂瓦诺维奇(Sanja Stevanović)、

德拉甘·斯蒂瓦诺维奇(Dragan Stevanović)

关于完满幂的级数

完满幂多重集的定义为 $P = \{n^m \mid n>1, m>1\}$：

$$P = \{2^2, 2^3, 2^4, \cdots, 3^2, 3^3, 3^4, \cdots, 4^2, 4^3, 4^4, \cdots, 5^2, 5^3, 5^4, \cdots\}.$$

定理 完满幂多重集中所有元素的倒数和为 1，即

$$\sum_{b \in P} \frac{1}{b} = \sum_{n \geq 2} \sum_{m \geq 2} \frac{1}{n^m} = 1.$$

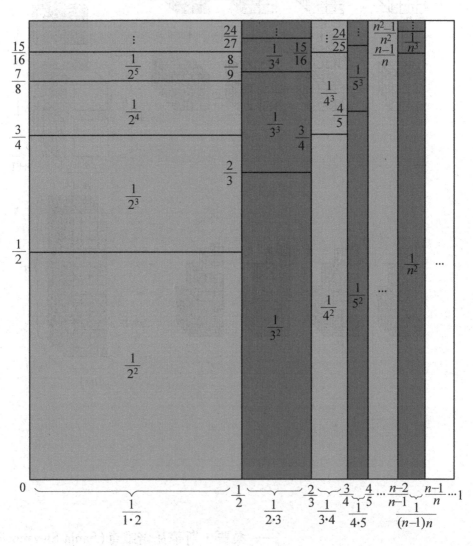

——汤姆·埃德加

连续奇数的和与立方数

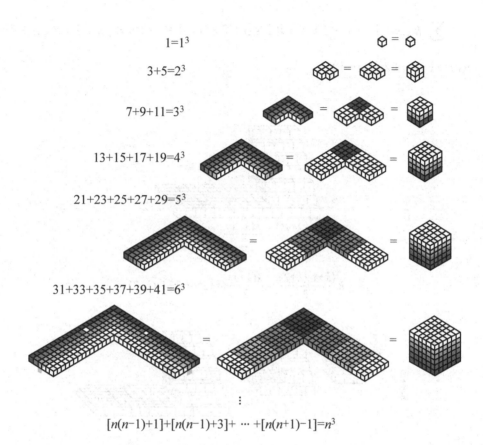

$$1=1^3$$

$$3+5=2^3$$

$$7+9+11=3^3$$

$$13+15+17+19=4^3$$

$$21+23+25+27+29=5^3$$

$$31+33+35+37+39+41=6^3$$

$$\vdots$$

$$[n(n-1)+1]+[n(n-1)+3]+\cdots+[n(n+1)-1]=n^3$$

——斯坦利·R. 胡迪（Stanley R. Huddy）

连续三个整数之积求和

$$\sum_{k=1}^{n} k(k+1)(k+2) = 1\times2\times3 + 2\times3\times4 + \cdots + n\times(n+1)\times(n+2)$$

$$= \frac{n(n+1)(n+2)(n+3)}{4}.$$

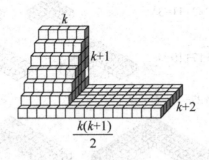

$$k\frac{(k+1)(k+2)}{2} + \frac{k(k+1)}{2}(k+2) = k(k+1)(k+2)$$

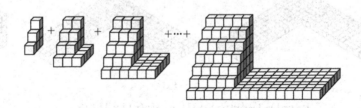

$$1\times2\times3 + 2\times3\times4 + 3\times4\times5 + \cdots + n\times(n+1)\times(n+2)$$

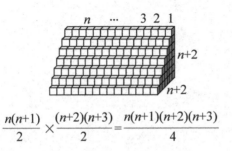

$$\frac{n(n+1)}{2} \times \frac{(n+2)(n+3)}{2} = \frac{n(n+1)(n+2)(n+3)}{4}$$

——哈桑·乌纳尔

阶乘的和

定理 对任意正整数 n，都有 $\sum\limits_{i=1}^{n} i \cdot i! = (n+1)! - 1.$

证明 以 $n = 4$ 为例.

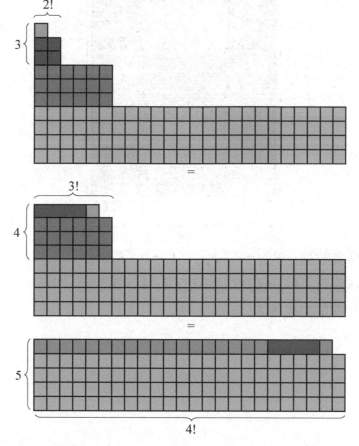

推论 任意正整数 m，都可以写成 $m = \sum\limits_{i \geqslant 1} a_i \cdot i!$ 的形式，其中 a_i 是不超过 i 的自然数，并且对每个 m，这样的写法是唯一的.

——汤姆·埃德加

关于斐波那契数列和卢卡斯数列的一个递推式

定理　$v_{n+1} = v_n + v_{n-1} \Rightarrow v_{n+1}^2 = v_n^2 + 3v_{n-1}^2 + 2v_{n-1}v_{n-2}$.

证明

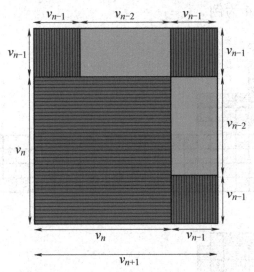

斐波那契数列：$F_{n+1} = F_n + F_{n-1}$，$F_0 = 0$，$F_1 = 1$.

卢卡斯数列：$L_{n+1} = L_n + L_{n-1}$，$L_0 = 1$，$L_1 = 3$.

它们都满足上述等式.

——何塞·安赫尔·西德·阿劳霍（José Ángel Cid Araujo）

偶次幂的和与奇次幂的和

定理　对任意正整数 k，都有 $\displaystyle\sum_{i=1}^{n} i^{2k} = \Big(\sum_{i=1}^{n} i^{k}\Big)^{2} - 2\Big(\sum_{j=2}^{n} j^{k}\sum_{i=1}^{j-1} i^{k}\Big)$.

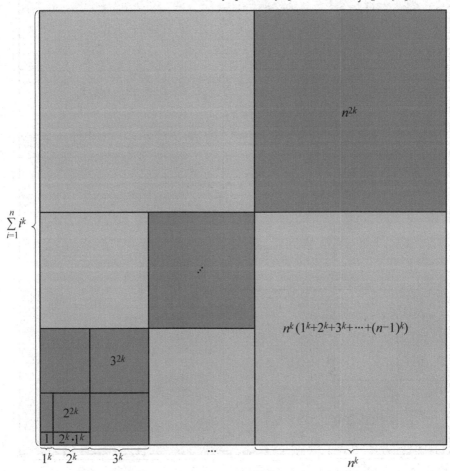

定理　对任意自然数 k，都有

$$\sum_{i=1}^{n} i^{2k+1} = \Big(\sum_{i=1}^{n} i^{k}\Big)\Big(\sum_{i=1}^{n} i^{k+1}\Big) - \sum_{j=2}^{n} j^{k}\sum_{i=1}^{j-1} i^{k+1} - \sum_{j=2}^{n} j^{k+1}\sum_{i=1}^{j-1} i^{k}$$

$$= \Big(\sum_{i=1}^{n} i^{k}\Big)\cdot\Big(\sum_{i=1}^{n} i^{k+1}\Big) - \sum_{j=2}^{n} j^{k}\Big(\sum_{i=1}^{j-1} i^{k+1} + ji^{k}\Big) .$$

n^{k+1}

$n^{k+1}[1^k+2^k+3^k+\cdots+(n-1)^k]$

n^{2k+1}

$\left.\begin{array}{c}\\\end{array}\right\}\sum\limits_{i=1}^{n}i^{k+1}$

$\cdots$

$n^k[1^{k+1}+2^{k+1}+\cdots+(n-1)^{k+1}]$

3^{k+1}

$3^{k+1}(1^k+2^k)$

3^{2k+1}

2^{k+1}

2^{2k+1}

$3^{k+1}(1^k+2^k)$

1^{k+1}

1

$2^k\cdot1^{k+1}$

1^k 2^k 3^k $\cdots$ n^k

——汤姆·埃德加

倒序乘积的交错求和

$$[1\times(2n+1)]-[2\times(2n)]+\cdots-[(2n)\times2]+[(2n+1)\times1]=n+1.$$

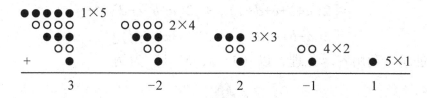

——查尔斯·F. 马里恩

关于平方和的恒等式

$$(4a+1)^2+(4b+1)^2+(4c+1)^2+(4d+1)^2$$
$$=[2(a+b+c+d+1)]^2+[2(a+b-c-d)]^2+$$
$$[2(a-b+c-d)]^2+[2(-a+b+c-d)]^2.$$

证明　利用容斥原理，以（4，5，6，1）为例.

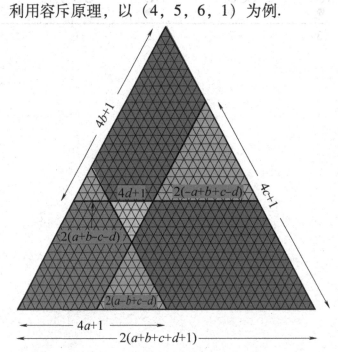

$$[2(a+b+c+d+1)]^2=(4a+1)^2+(4b+1)^2+(4c+1)^2+(4d+1)^2-$$
$$[2(a+b-c-d)]^2-[2(a-b+c-d)]^2-$$
$$[2(-a+b+c-d)]^2.$$

——罗杰·B. 尼尔森

奇数求和

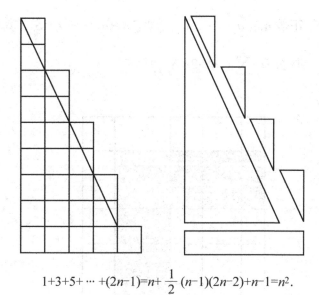

$$1+3+5+\cdots+(2n-1)=n+\frac{1}{2}(n-1)(2n-2)+n-1=n^2.$$

——塞缪尔·G. 莫雷诺

和的平方

定理 给定正数 a_1，a_2，…，a_n，规定 $a_1+a_2+\cdots+a_j=S_j$（其中 $1\leqslant j\leqslant n$），并规定 $S_0=0$，那么有 $\displaystyle\sum_{j=1}^{n}(a_j^2+2a_jS_{j-1})=S_n^2$.

证明

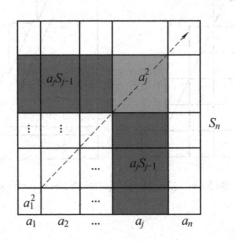

金字塔当中砖的数量

定理　一个 n 层空心金字塔当中方砖的数量为 $n^2+(n-1)^2$.

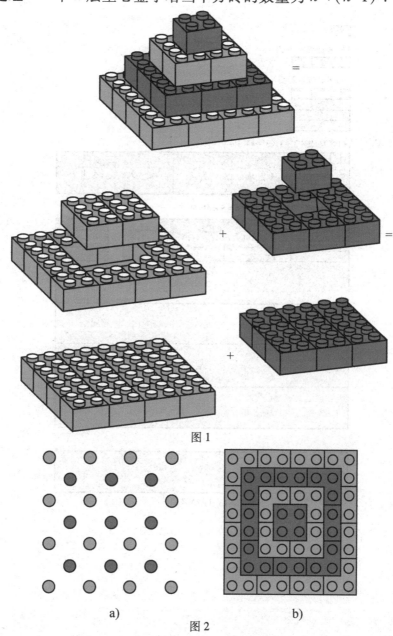

图 1

图 2

a)　　　　　　　　b)

——本·布卢姆森（Ben Blumson）、贾里纳·贾巴尔（Jarinah Jabbar）

$$1+ \sum_{k=1}^{N} \sum_{i=1}^{k} i! = (N+1) \times N! = (N+1)!$$

1+1×1!=2×1!=2!

1+1×1!+2×2!=3×2!=3!

1+1×1!+2×2!+3×3!=4×3!=4!

1+1×1!+2×2!+3×3!+4×4!=5×4!=5!

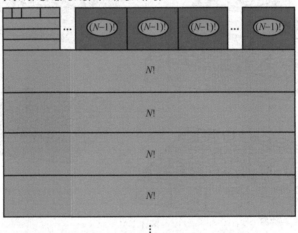

1+1×1!+2×2!+ ··· +(N−1)×(N−1)!+N×N!
=(N+1)×N!=(N+1)!

——冈汉·卡格拉扬

无穷级数及其他议题

一个交错几何级数 I

$$\sum_{n=0}^{\infty}\left(-\frac{1}{2}\right)^{n}=\frac{2}{3}.$$

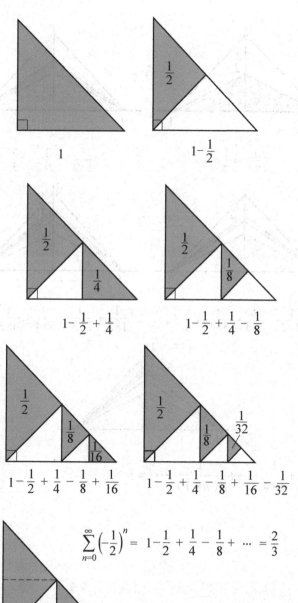

$$\sum_{n=0}^{\infty}\left(-\frac{1}{2}\right)^{n}=1-\frac{1}{2}+\frac{1}{4}-\frac{1}{8}+\cdots=\frac{2}{3}$$

——安赫尔·普拉萨

$$\frac{1}{1\times2}+\frac{1}{2\times3}+\frac{1}{3\times4}+\cdots+\frac{1}{n(n+1)}+\cdots=1 \text{ 以及它的部分和}$$

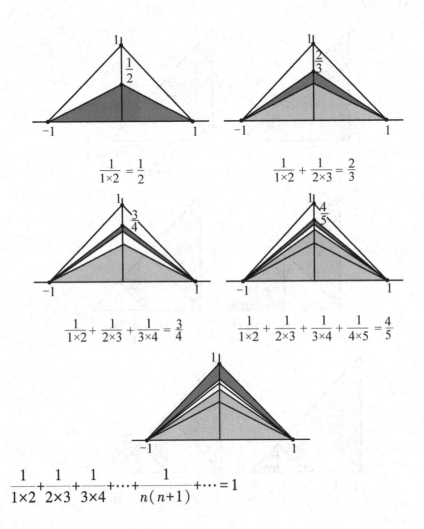

$$\frac{1}{1\times2}=\frac{1}{2}$$

$$\frac{1}{1\times2}+\frac{1}{2\times3}=\frac{2}{3}$$

$$\frac{1}{1\times2}+\frac{1}{2\times3}+\frac{1}{3\times4}=\frac{3}{4}$$

$$\frac{1}{1\times2}+\frac{1}{2\times3}+\frac{1}{3\times4}+\frac{1}{4\times5}=\frac{4}{5}$$

$$\frac{1}{1\times2}+\frac{1}{2\times3}+\frac{1}{3\times4}+\cdots+\frac{1}{n(n+1)}+\cdots=1$$

——奥斯卡·克莱里(Óscar Ciaurri)

$\dfrac{4}{9}$的幂之和

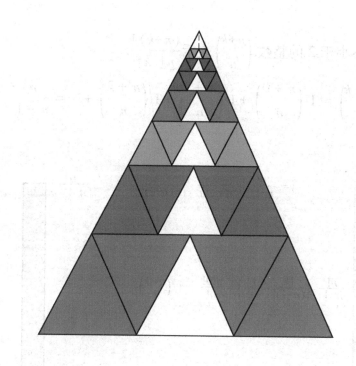

——汤姆·埃德加

二项式系数的倒数和

下文中, n 表示不小于 2 的整数. $\binom{n+k}{n}$ 表示 $\dfrac{(n+k)!}{n!\,k!}$.

定理 $\displaystyle\sum_{k=0}^{\infty} 1 \Big/ \binom{n+k}{n} = 1 \Big/ \binom{n+0}{n} + 1 \Big/ \binom{n+1}{n} + 1 \Big/ \binom{n+2}{n} + \cdots = \frac{n}{n-1}.$

证明

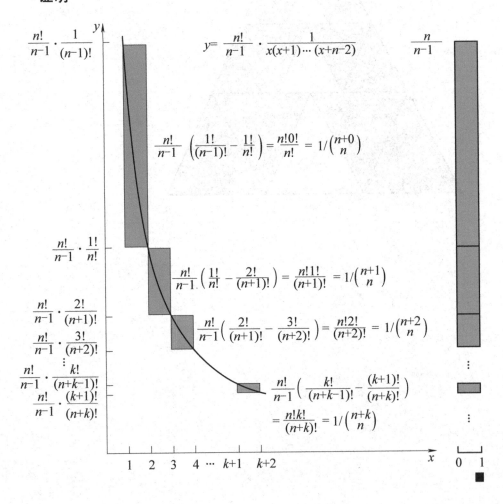

——汤姆·埃德加

四面体数的倒数和

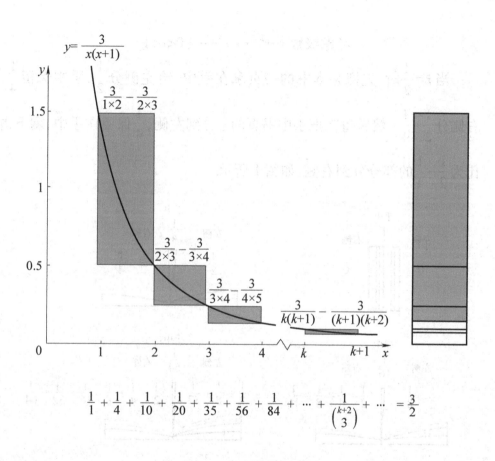

$$\frac{1}{1} + \frac{1}{4} + \frac{1}{10} + \frac{1}{20} + \frac{1}{35} + \frac{1}{56} + \frac{1}{84} + \cdots + \frac{1}{\binom{k+2}{3}} + \cdots = \frac{3}{2}$$

——冈汉·卡格拉扬

公比为负数的收敛几何级数的直观演示

考虑级数 $r-r^2+r^3-r^4+\cdots\,(0<r<1)$.

当 $r=\dfrac{1}{2}$ 时,先把整本书的书页拿在手中,给左侧分 $\dfrac{1}{2}$,手中保留 $\dfrac{1}{4}$,

右侧分 $\dfrac{1}{2}-\dfrac{1}{4}$. 然后每次把手中书页的 $\dfrac{1}{2}$ 分到左侧, $\dfrac{1}{4}$ 保留在手中,剩下占

比为 $\dfrac{1}{2}-\dfrac{1}{4}$ 的部分分到右侧,如图 1 所示.

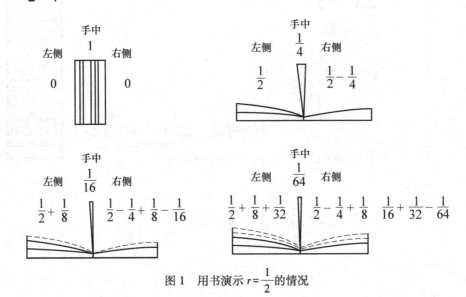

图 1　用书演示 $r=\dfrac{1}{2}$ 的情况

最终,右侧书页为

$$S=\frac{1}{2}-\frac{1}{4}+\frac{1}{8}-\frac{1}{16}+\frac{1}{32}-\frac{1}{64}+\cdots,$$

左侧为 $2S$,因此　　　　　　$S+2S=1,\,S=\dfrac{1}{3}.$

当 $r=\dfrac{1}{3}$ 时,与上面类似,如图 2 所示.

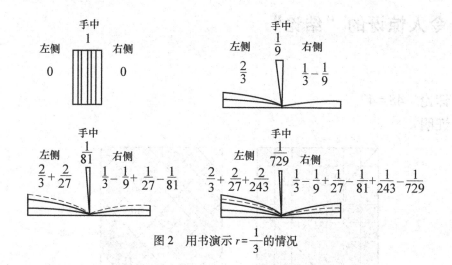

图 2　用书演示 $r=\dfrac{1}{3}$ 的情况

$$S=\frac{1}{3}-\frac{1}{9}+\frac{1}{27}-\frac{1}{81}+\frac{1}{243}-\frac{1}{729}+\cdots,$$

因此　　　　　　　　　　　$S+3S=1,S=\dfrac{1}{4}.$

一般情况,如图 3 所示.

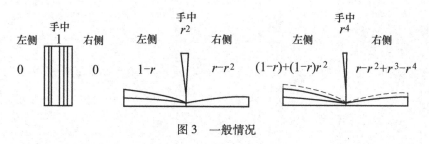

图 3　一般情况

$$S=\left(r-r^2\right)+\left(r^3-r^4\right)+\left(r^5-r^6\right)+\cdots,$$

此时,$S+\dfrac{S}{r}=1$,所以 $S=\dfrac{r}{r+1}.$

　　　　　　　——阿马尔·谢里夫·拉斯兰（Amal Sharif-Rasslan）

一个令人惊讶的"结论"

悖论　48 = 47.

证明

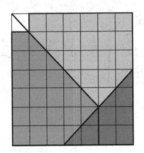 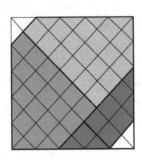

——罗杰·B. 尼尔森

一个等差等比级数

引理 对任意 $k \geqslant 1$,

$$g_k = \frac{1}{2^k} + \frac{2}{2^{k+1}} + \cdots + \frac{n+1}{2^{k+n}} + \cdots$$

$$= \frac{1}{2^{k-1}} + \frac{1}{2^k} + \cdots + \frac{1}{2^{k+n-1}} + \cdots = \frac{1}{2^{k-2}}.$$

定理

$$\frac{1}{2} + \frac{4}{2^2} + \cdots + \frac{n^2}{2^n} + \cdots = 6.$$

证明

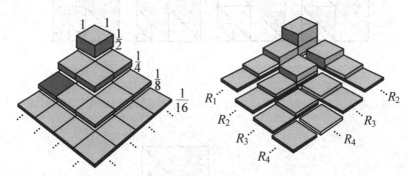

左图 $\mathrm{vol}(S) = \dfrac{1}{2} + \dfrac{4}{2^2} + \cdots + \dfrac{n^2}{2^n} + \cdots,$

右图 $\mathrm{vol}(S) = \mathrm{vol}(R_1) + 2(\mathrm{vol}(R_2) + \mathrm{vol}(R_3) + \cdots + \mathrm{vol}(R_n) + \cdots)$

$$= g_1 + 2(g_2 + g_3 + \cdots + g_n + \cdots)$$

$$= 2 + 2\left(1 + \frac{1}{2} + \cdots + \frac{1}{2^{n-2}} + \cdots\right) = 2 + 2 \times 2 = 6.$$

——奥斯卡·克莱里

一个交错几何级数 II

定理 $\displaystyle\sum_{n=0}^{\infty}\left(\frac{-1}{2}\right)^{n} = 1 - \frac{1}{2} + \frac{1}{4} - \frac{1}{8} + \cdots = \frac{2}{3}.$

证明

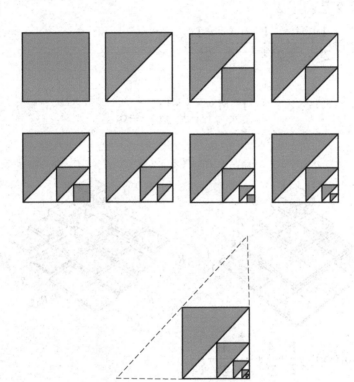

$$\sum_{n=0}^{\infty}\left(\frac{-1}{2}\right)^{n} = \frac{2}{3}.$$

——安赫尔·普拉萨

阿贝尔变换（阿贝尔求和公式）

定理　设 $(a_1, a_2, a_3, \cdots)$ 和 $(b_1, b_2, b_3, \cdots)$ 均为正实数序列；并设 n 为正整数，若定义 $B_i = b_1 + b_2 + \cdots + b_i$. 则 $\sum_{k=1}^{n} a_k b_k = B_n a_n - \sum_{k=1}^{n-1} B_k(a_{k+1} - a_k)$.

证明　（以 $n = 5$ 为例）

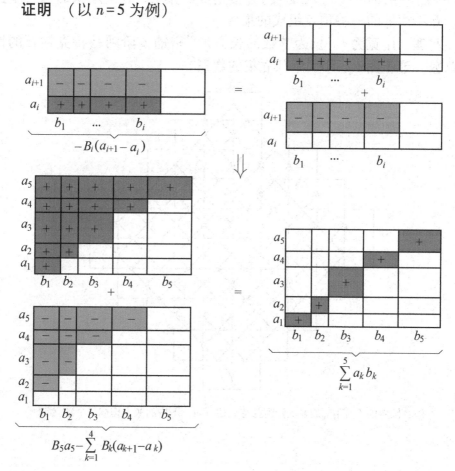

练习　用 $\boldsymbol{a} = (1, 2, 3, 4, \cdots)$ 和 $\boldsymbol{a}' = (1, 4, 9, 16, \cdots)$ 分别与 $\boldsymbol{b} = (1, 1, 1, 1, \cdots)$ 结合可得，对任意 n，都有 $\sum_{k=1}^{n} k = \dfrac{n^2 + n}{2}$ 以及 $\sum_{k=1}^{n} k^2 = \dfrac{2n^2 + 3n^2 + n}{6}$.

——安亚军、汤姆·埃德加

网格图中的独立集与阿兹特克钻石密铺

    n 阶阿兹特克钻石是由倾斜的正方形 $|x|+|y|\leq n+1$ 中，形如 $[a,a+1]\times[b,b+1]$ $(a,b\in\mathbb{Z})$ 的方格组成的集合. 独立集指的是一个图中，互不相邻的一些顶点组成的集合.

    定理 用宽为 l，长为整数的长方形[⊖]密铺 n 阶阿兹特克钻石的铺法总数，等于图 $P_{2n}\square P_{2n}$ 中独立集的数量[⊖].

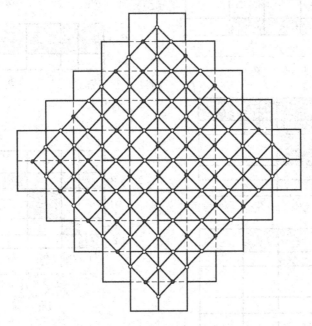

注：倾斜的 $P_{10}\square P_{10}$ 放在 5 阶阿兹特克钻石内，图中的灰点构成一个独立集.

——史蒂夫·巴特勒（Steve Butler）

  ⊖ 可以长短不一，可以是正方形. ——编者注
  ⊖ 即边长为 $2n-1$ 的正方形网格. ——编者注

通过完美 k 叉树求公比 k 的等比数列之和

定理 对于大于 1 的整数 k, n, 有
$$(k-1) \times (k^0 + k^1 + \cdots + k^{n-1}) = k^n - 1.$$

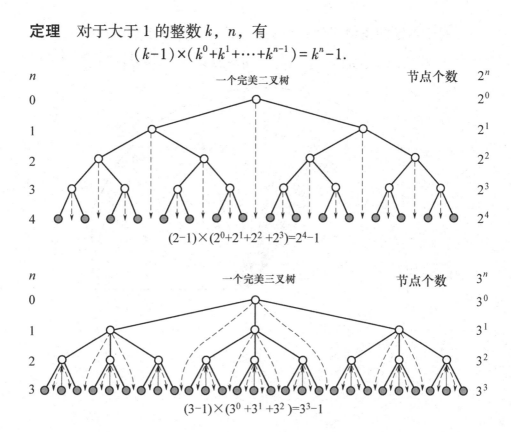

一个完美二叉树

$(2-1) \times (2^0 + 2^1 + 2^2 + 2^3) = 2^4 - 1$

一个完美三叉树

$(3-1) \times (3^0 + 3^1 + 3^2) = 3^3 - 1$

——陈明江

$l^1(\mathbb{R})$ 是 $l^2(\mathbb{R})$ 的子集

对于给定的正数序列 $X=\{X_n\}_{n=1}^{\infty}$，定义如下正数序列 $\{h_n\}_{n=1}^{\infty}$：

$$h_1=x_1, \quad h_n^2=h_{n-1}^2+x_n^2, \quad n\geqslant 2 \Rightarrow h_n=\sqrt{x_1^2+x_2^2+\cdots+x_n^2}.$$

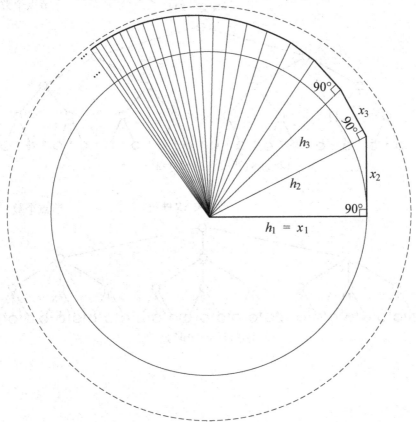

螺旋折线长度 $=\|X\|_{l^1}$，

渐近外圆的半径 $=\|X\|_{l^2}$，

折线长度 $<\infty \Rightarrow$ 半径 $<\infty$，即 $l^1(\mathbb{R}) \subseteq l^2(\mathbb{R})$.

——胡安·路易斯·瓦罗纳（Juan Luis Varona）

四面体键角

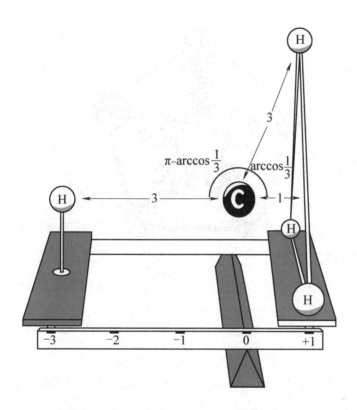

——朱春蓬

彼得松图的自同构图与 S_5 同构

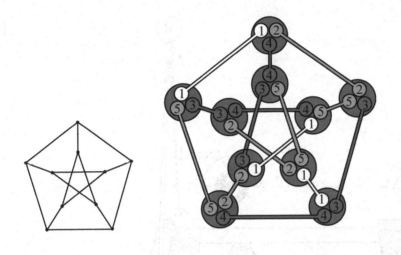

———贾菲斯·伍德（Japheth Wood）

文 献 索 引

几何与代数

29　　*Mathematics Magazine*, 2016, 89 (2)：132.

30　　*The Mathematical Gazette*, 2016, 100 (547)：146.

31　　*Mathematics Magazine*, 2016, 89 (3)：216-217.

32　　*Mathematics Magazine*, 2015, 88 (5)：337.

33　　*Mathematics Magazine*, 2018, 91 (3)：184-185.

34　　*Mathematics Magazine*, 2018, 91 (2)：151-158.

35　　*The College Mathematics Journal*, 2018, 49 (2)：92.

37　　*The College Mathematics Journal*, 2017, 48 (3)：188.

38　　*Mathematics Magazine*, 2016, 89 (4)：281.

39　　*Mathematics Magazine*, 2017, 90 (2)：117-118.

40　　*Mathematics Magazine*, 2020, 93 (4)：308.

41　　*The College Mathematics Journal*, 2017, 48 (3)：204.

43　　*Mathematics Magazine*, 2018, 91 (5)：364-365.

45　　*Mathematics Magazine*, 2017, 90 (2)：134.

46　　*The College Mathematics Journal*, 2019：50 (3)：197.

47　　*Mathematics Magazine*, 2020, 93 (1)：69.

不等式

51　　*Mathematics Magazine*, 2018, 91 (5)：363.

52　　*The College Mathematics Journal*, 2016, 47 (2)：125.

53　　*Mathematics Magazine*, 2015, 88 (2)：144-145.

54　　*Mathematics Magazine*, 2020, 93 (1)：70.

三角、微积分与解析几何

57　　*The Mathematical Gazette*, 2015, 99 (545)：357.

58　　*The Mathematical Gazette*, 2015, 99 (546)：538.

59　　*The Mathematical Gazette*, 2018, 102 (555)：504-505.

60　　*The College Mathematics Journal*，2016，47（3）：199.

61　　*The College Mathematics Journal*，2017，48（1）：35.

62　　*The Mathematical Gazette*，2017，101（551）：300.

63　　*Mathematics Magazine*，2020，93（4）：307.

64　　*The Mathematical Gazette*，2016，100（548）：351.

65　　*Mathematics Magazine*，2019，92（4）：302-304.

67　　*Mathematics Magazine*，2020，93（5）：386.

68　　*Mathematics Magazine*，2015，88（2）：151.

69　　*Mathematics Magazine*，2018，91（3）：186.

70　　*Mathematics Magazine*，2018，91（1）：51.

71　　*Mathematics Magazine*，2016，89（3）：189.

72　　*Mathematics Magazine*，2016，89（3）：177-178.

73　　*The College Mathematics Journal*，2018，49（5）：341.

74　　*The College Mathematics Journal*，2018，49（1）：35.

75　　*The College Mathematics Journal*，2015，46（5）：347.

整数与整数求和

79　　*Mathematics Magazine*，2018，91（3）：206-207.

80　　*Mathematics Magazine*，2015，88（3）：177-178.

82　　*Mathematics Magazine*，2019，92（3）：199-200.

83　　*The Mathematical Gazette*，2016，100（549）：516-517.

84　　*Mathematics Magazine*，2016，89（1）：36-37.

85　　*Mathematics Magazine*，2017，90（4）：258.

86　　*Mathematics Magazine*，2019，92（2）：107.

87　　*The College Mathematics Journal*，2015，46（3）：172.

88　　*The College Mathematics Journal*，2016，47（2）：120.

89　　*Mathematics Magazine*，2017，90（2）：124-125.

90   *Mathematics Magazine*, 2018, 91（1）: 70.

91   *Mathematics Magazine*, 2018, 91（1）: 42.

92   *Mathematics Magazine*, 2019, 92（4）: 269.

93   *The College Mathematics Journal*, 2016, 47（3）: 171.

94   *Mathematics Magazine*, 2016, 89（1）: 14-15.

95   *The College Mathematics Journal*, 2016, 47（3）: 207.

96   *The College Mathematics Journal*, 2016, 47（3）: 179.

97   *Mathematics Magazine*, 2016, 89（3）: 165-166.

98   *Mathematics Magazine*, 2018, 91（4）: 260-261.

99   *The Mathematical Gazette*, 2019, 103（556）: 131-132.

101   *Mathematics Magazine*, 2016, 89（2）: 103-104.

103   *The College Mathematics Journal*, 2016, 47（3）: 190.

104   *The College Mathematics Journal*, 2017, 48（1）: 17.

105   *Mathematics Magazine*, 2020, 93（3）: 228.

106   *The College Mathematics Journal*, 2018, 49（1）: 10.

107   *The College Mathematics Journal*, 2018, 49（2）: 121.

108   *The College Mathematics Journal*, 2018, 49（3）: 180.

109   *Mathematics Magazine*, 2019, 92（4）: 270-271.

110   *Mathematics Magazine*, 2017, 90（4）: 286.

111   *Mathematics Magazine*, 2016, 89（3）: 196.

112   *Mathematics Magazine*, 2015, 88（1）: 37-38.

113   *Mathematics Magazine*, 2016, 89（5）: 338-339.

114   *Mathematics Magazine*, 2016, 89（4）: 262.

115   *Mathematics Magazine*, 2019, 92（4）: 300-301.

117   *Mathematics Magazine*, 2019, 92（1）: 63.

118   *Mathematics Magazine*, 2015, 88（4）: 278-279.

119　*Mathematics Magazine*，2017，90（4）：298.

120　*Mathematics Magazine*，2019，92（1）：17.

121　*Mathematics Magazine*，2020，93（3）：226-227.

122　*The Mathematical Gazette*，2018，102（554）：309-310.

无穷级数及其他议题

125　*The Mathematical Gazette*，2018，102（555）：504-505.

126　*Mathematics Magazine*，2016，89（1）：45-46.

127　*Mathematics Magazine*，2016，89（3）：191.

128　*Mathematics Magazine*，2016，89（3）：212-213.

129　*The College Mathematics Journal*，2015，46（2）：130.

130　*The College Mathematics Journal*，2016，47（3）：216-218.

132　*The College Mathematics Journal*，2016，47（2）：94.

133　*The College Mathematics Journal*，2017，48（1）：41.

134　*The College Mathematics Journal*，2018，49（3）：200.

135　*Mathematics Magazine*，2018，91（4）：286-287.

136　*Mathematics Magazine*，2019，92（2）：126-127.

137　*Mathematics Magazine*，2019，92（4）：286.

138　*Mathematics Magazine*，2017，90（1）：58.

139　*Mathematics Magazine*，2019，92（1）：41.

140　*Mathematics Magazine*，2016，89（4）：267.